phantom under the sea

海底核幽灵

世界战略核潜艇秘闻

李杰 著

江苏凤凰文艺出版社
JIANGSU PHOENIX LITERATURE AND
ART PUBLISHING, LTD

图书在版编目（CIP）数据

海底核幽灵：世界战略核潜艇秘闻 / 李杰著. — 南京：江苏凤凰文艺出版社，2018.9
（少儿军事科普图书）
ISBN 978-7-5594-2726-7

Ⅰ.①海… Ⅱ.①李… Ⅲ.①核潜艇－世界－少儿读物 Ⅳ.①E925.66-49

中国版本图书馆 CIP 数据核字(2018)第 185626 号

书　　　名	海底核幽灵：世界战略核潜艇秘闻
著　　　者	李　杰
责 任 编 辑	张恩东　孙建兵
出 版 发 行	江苏凤凰文艺出版社
出版社地址	南京市中央路 165 号，邮编：210009
出版社网址	http://www.jswenyi.com
印　　　刷	南京互腾纸制品有限公司
开　　　本	718×1000 毫米　1/16
印　　　张	10.75
字　　　数	100 千字
版　　　次	2018 年 9 月第 1 版　2018 年 9 月第 1 次印刷
标 准 书 号	ISBN 978–7–5594–2726–7
定　　　价	39.90 元

（江苏文艺版图书凡印刷、装订错误可随时向承印厂调换）

目 录

前言

1. 从《海底两万里》的"鹦鹉螺"号说起 / 001
2. 世界上真正的第一艘核潜艇 / 007
3. "鹦鹉螺"号的神奇奥秘 / 017

一 当今战略核潜艇"俱乐部成员"

1. 威力颇强的美国"俄亥俄"级 / 033
2. 块头超过小航母的苏（俄）"台风"级 / 039
3. 性能卓越的俄"北风之神"级 / 047
4. 已不前卫的英"前卫"级 / 055
5. 凯旋而来的法"凯旋"级 / 063
6. 姗姗来迟的印度"歼敌者" / 073
7. 实现中国梦的核潜艇 / 083

二 战略核潜艇的明天

1. 孕育腹中的美国"哥伦比亚"级 / 097
2. "明日之星"俄罗斯第五代核潜艇 / 105
3. 空前绝后的英国"继承者"级 / 115
4. 中国将跻身世界一流核潜艇国家之列 / 127
5. 核潜艇将更新的"十八般技艺" / 135
6. 未来核潜艇将是什么样？ / 157

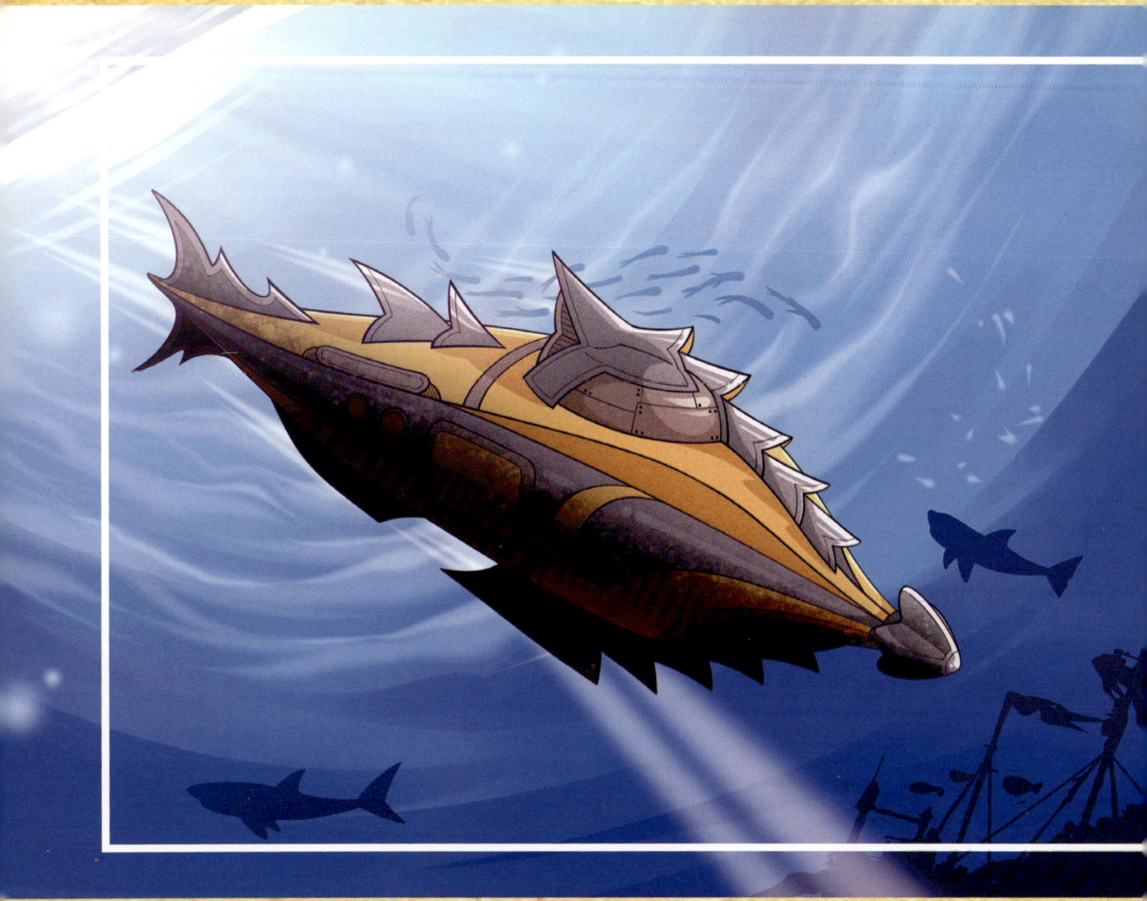

前 言

从《海底两万里》的"鹦鹉螺"号说起

海底"核幽灵"

继1862年夏天，儒勒·凡尔纳出版了《气球上的五星期》之后，他的创作思路犹如喷涌不断的泉水，他手中的笔再也没有停止下来。此后的两三年时间里接连出版了《哈特拉斯船长历险记》《从地球到月球》《地心游记》等一系列脍炙人口的科幻小说。书中的内容既有对已知水下世界的详尽描述，更多地还是对未知世界的无限遐想与探测。

他成名了！成为一位家喻户晓、享誉海内外的"科幻小说之父"。1867年春天，儒勒·凡尔纳开始构思创作《海底两万里》这部科幻小说，书中开门见山向世人展示，在海上曾多次遇到一个神秘的怪物。为了弄清究竟，美国政府决定派出了一艘船去追踪这个怪物；巴黎自然博物馆的生物学家阿龙纳斯教授和他的助手，跟随尼摩船长参与了这次神秘的水下探测。

故事中，他们乘坐那

由纳达尔于1878年拍摄的50岁的儒勒·凡尔纳的照片

前言

正站在"鹦鹉螺"号甲板上对海面进行观察的尼摩船长

海底"核幽灵"

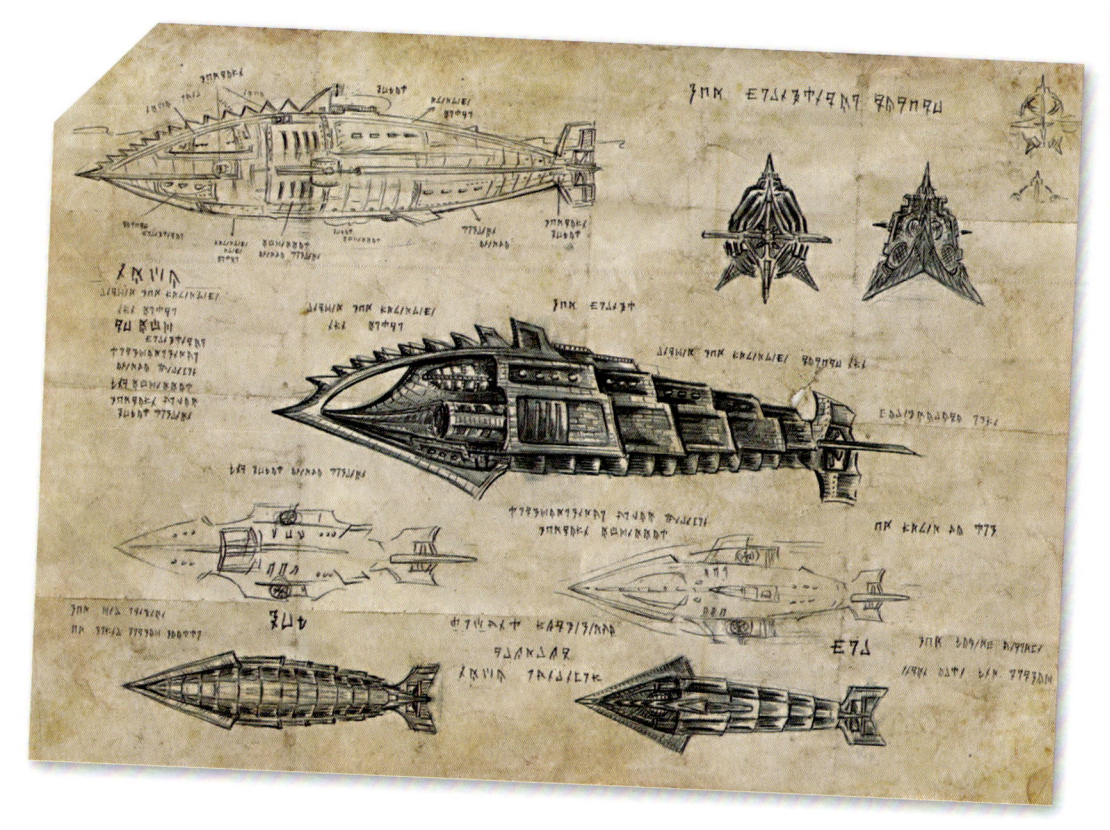

由儒勒·凡尔纳亲自手绘的"鹦鹉螺"号的设计草图

艘"鹦鹉螺"号潜艇，在海底经历了一场长达两万里，且既趣味盎然又惊险刺激，且充满了浪漫主义色彩的奇幻旅行。事实上，这艘作为尼摩船长的座驾——"鹦鹉螺"号潜艇的各项性能指标，完全超越了当时的科技水平。

"鹦鹉螺"号是一艘长70米、宽8米的细长纺锤形潜艇。它的航行性能极佳，故事中的水下最高航速可达50节（即50海里/每小时），每小时的速度超过90公里；即便在今天，这也算得上是一艘航速最快的潜艇。小说中描述的这艘潜艇，水下驱动完全靠电力供给，而电力却是通过从海水提取钠，同时将钠与汞混合，组成一种用来替代本生蓄电池单元中锌元素的合金，再转化成电后取得的，并存储在电池里。艇员在整个漫长水下航行中的食物来源，全部取自海中的鱼类、海藻等，而完全不需要陆地补给任何食品和液体，因此可以无限期地航行于海中。可以毫不夸张地说，这种超前理念和对水下神秘世界孜孜不倦的探求，直到今天仍有着重要的启示意义和参考价值。"鹦鹉螺"号内部安装有巨大的压缩空

一幅描绘"鹦鹉螺"号勇斗"海怪"的画作。这种在影视和文学作品中经常出现的多触手"海怪"实际上就是现今我们所熟知的大王乌贼或巨型章鱼。

气储存柜，因此可以在海底连续潜行数天而不需浮出海面。艇的内部很宽敞，艇员在这里居住起来非常舒适；在这个几乎与世隔绝的"冰冷水下钢体"里，内部设置了博物馆和图书馆，人们可以自由畅快地生活，丝毫不会感到任何寂寞与孤独！

不过，有点遗憾的是，这艘艇上的武器过于落后：它完全是凭借着船头的钢铁冲角，依仗艇自身坚固的外壳及非常高的速度，来产生十分巨大的冲击力，以撞击和毁坏对方的舰船。在小说的最后，"鹦鹉螺"号就是靠钢铁冲角去攻击敌战舰，利用尖利、坚硬的冲角向敌战舰的舷侧高速撞去，迅速穿透敌舰的舰身，而自己却安然无恙！

世界上真正的第一艘核潜艇

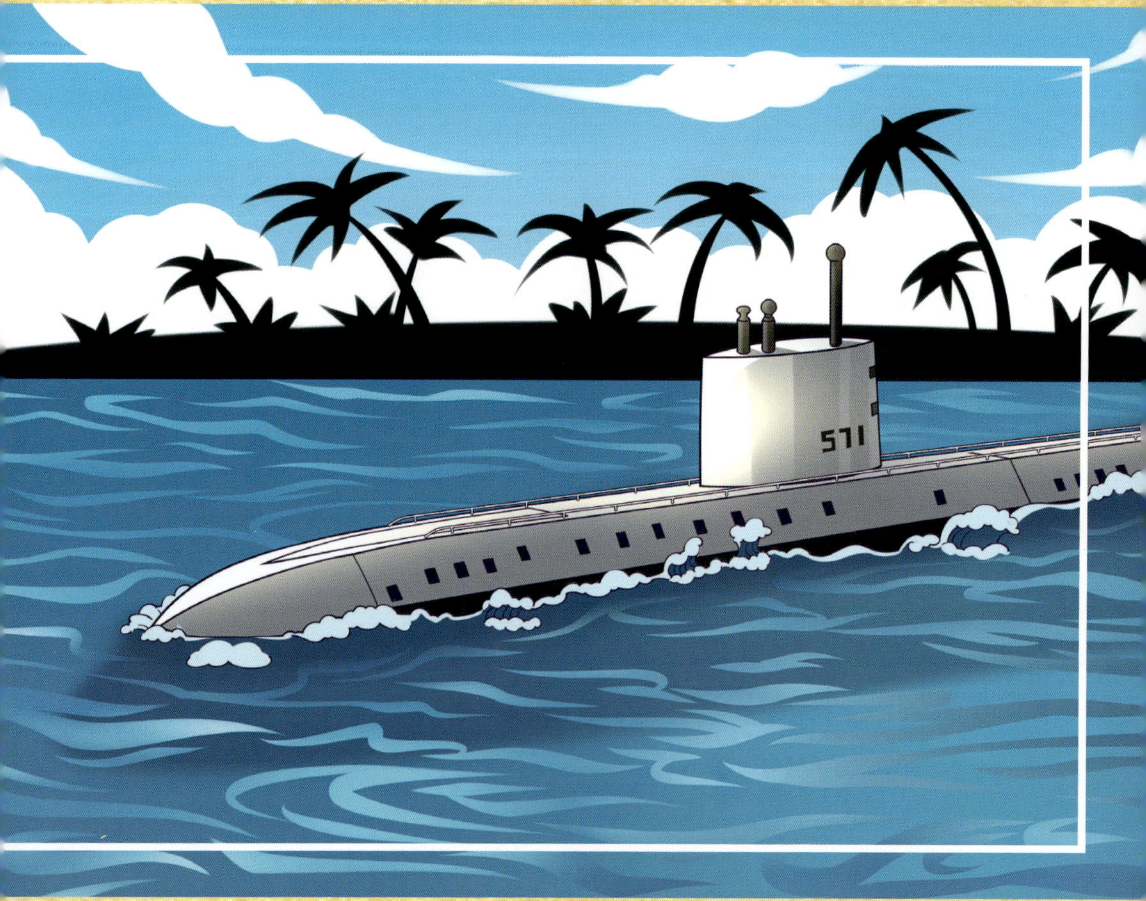
571

1938年，在德国曾进行了一次十分有名的使用中子轰击铀原子核的实验，该国的凯撒·威廉学院的物理学家奥托·哈恩成功地分裂并释放出了巨大的能量。就是这次规模不大的试验，使得很多科学家极为敏锐地认识到，核反应不仅可以，而且完全适合在潜艇上的应用。1942年，曾领导建立了世界上第一个核反应堆的意大利物理学家恩里柯·费米，以及在放射性研究领域做出卓越贡献的法国物理学家居里夫人，都

正在做试验的居里夫妇。青少年朋友应该了解到的是，著名物理学家居里夫人对于核潜艇的诞生甚至也有着不可忽视的推动作用。

海底"核幽灵"

先后科学地指出，利用核裂变所产生的巨大能量能够有效地推动潜艇，可使潜艇在水下具有近乎无限的续航力。

不过，最早想到利用核反应堆装设到潜艇上，并用它来推进潜艇的是一名美国海军军官——罗斯·冈恩。他同时也是一位物理学博士，曾对潜艇的动力装置异常关注。

1939年年初，罗斯·冈恩在华盛顿出席了第五届理论物理年会，聆听了意大利物理学家恩里柯·费米和丹麦物理学

直接推动美国海军第一艘核动力潜艇建造的海军军官罗斯·冈恩

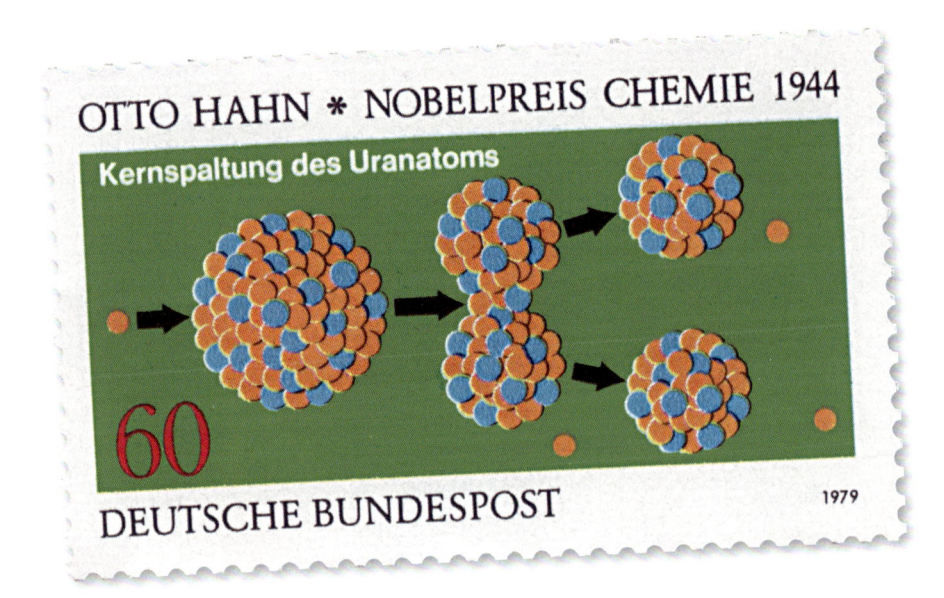

于 1979 年发行的一张纪念德国物理学家奥托·哈恩使用中子轰击铀原子核实验成功 35 周年的邮票

巨奖尼尔斯·波尔的报告，披露了德国物理学家奥托·哈恩使用中子轰击铀原子核的成功实验，并曾在核裂变过程中释放出大量的能量。他听后欣喜若狂，连忙找了几位海军中志同道合的物理学家共同商量。在这期间，他还专门拜会了意大利物理学家恩里柯·费米；同时得到了一个极其兴奋的信息：铀核裂变时，会产生链式反应（核物理学中，链式反应是指核反应产物之一，又引起同类核反应继续发生，并逐代延续进行下去的过程）。

这回罗斯·冈恩高兴得跳了起来！假如铀核裂变时真会产生链式反应的话，那么原子能就可得到实际使用。时间过

海底"核幽灵"

得飞快！这年夏天的一个早上，罗斯·冈恩揉了揉一夜未合的双眼，再用凉水洗了一把脸，并急急忙忙赶往海军部专门负责潜艇动力开发的上司办公室。

正当美国军方打算考虑在潜艇上安装核动力装置的问题时，两位由德国逃往到美国犹太裔物理学家告知了一个消息：纳粹德国正在研制原子弹！这犹如一颗空中炸雷，使美国科学界和军方炸开了锅，著名科学家爱因斯坦极为敏锐地认识到：一旦德国抢先，将给全球带来巨大的危害。于是他连夜

被用于攻击日本长崎的原子弹"胖子"留下的照片

给当时的美国总统罗斯福写信：美国应加紧研制原子弹，罗斯福迅速地批准了他的建议。自此，美国各相关部门，全力以赴展开了对原子弹研制、发展的"曼哈顿工程"，而潜艇上装设核动力装置的计划自然就搁浅了。

第二次世界大战刚一结束，罗斯·冈恩又投入到了将核反应堆装上潜艇的计划。1945年12月13日，冈恩出席了美国参议院原子能专门委员会的一次公开听证会并发表讲话称，原子能的主要作用将是"转动世界的车轮和推进世界的舰船"。可以说，他是世界上第一个直截了当、清晰明了地指出，核反应堆装在潜艇上应用的人。如果说罗斯·冈恩是核潜艇理论上的提出者，那么一位名叫艾比利逊的美国青年物理学家则完成了核潜艇的理论细化。他撰写了一份《关于原子动力的研究、试验、设计的设想》报告。这份报告提出，"经过海军研究室的技术研究表明，在相应的努力下，只需两三年的时间，就能建造出核潜艇，它在水下的航速可达26-30节，而且还能在不添加燃料和潜艇不上浮的情况下，在水下航行数年。"报告中所描述的"未来"核潜艇的性能与场景，即便与当今世界一流的核潜艇性能数据也颇为相近。

1946年，美国海军部决定成立一个原子能研究机构，并由里科弗上校率领4名海军军官到田纳西州橡树岭，参加有关核反应堆的知识学习及核动力应用技术的研究。1950年，时任美国总统的杜鲁门正式签署了建造世界上第一艘核潜艇的文件，并将它命名为"鹦鹉螺"号。大概很多人并不知道，

海底"核幽灵"

"鹦鹉螺"是生活在热带海水中的一种软体动物,并有一个形如鹦鹉的坚硬且美丽的外壳,壳的内腔由许多隔层分为30多个隔室;软体动物就藏身于最后一个最大的隔室中。一个个隔室由小到大顺势旋开,它们决定了鹦鹉螺的沉浮。

1954年9月30日,美国海军第一艘也是世界上第一艘核潜艇"鹦鹉螺"号正式加入美国海军,由此掀开了人类历史上核潜艇的新纪元。

进行首航实验的"鹦鹉螺"号核动力潜艇。
该艇也是世界上第一艘核动力潜艇。

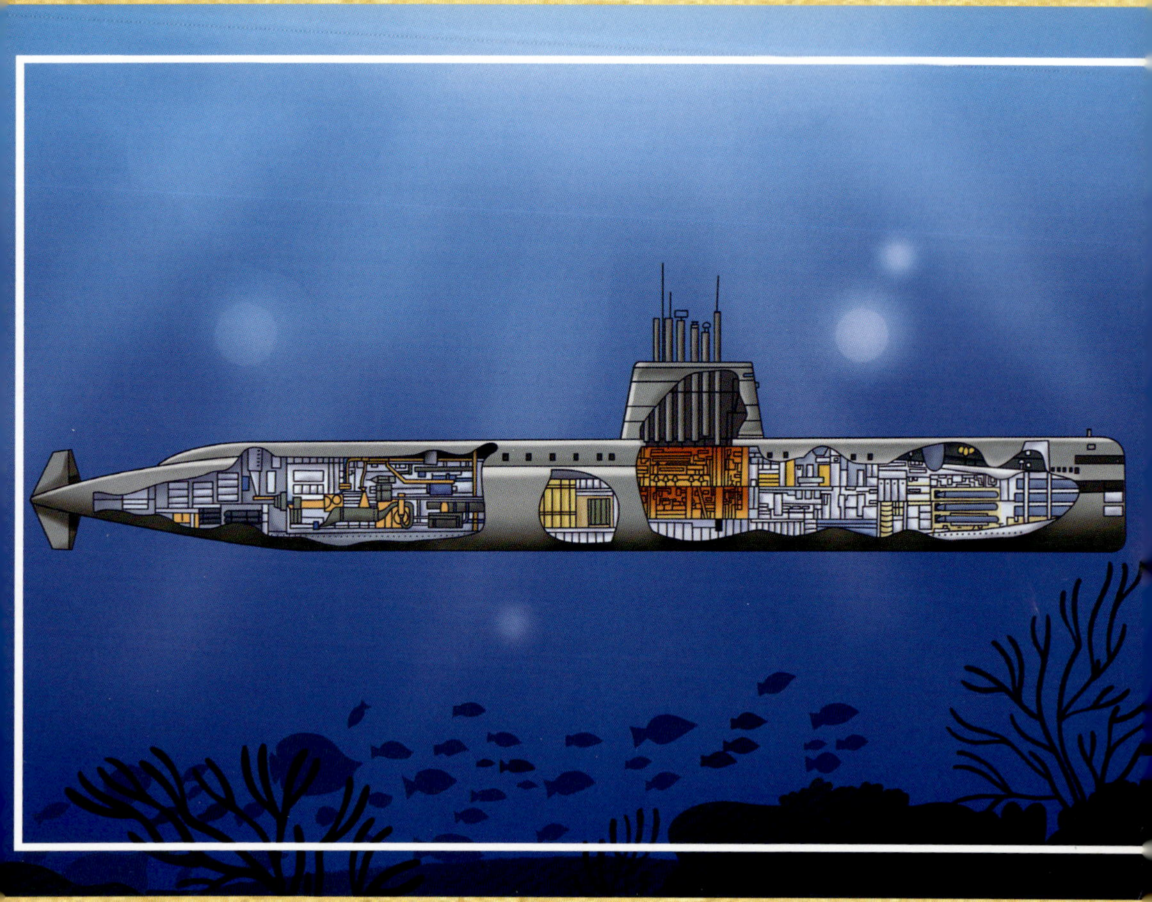

"鹦鹉螺"号的神奇奥秘

海底"核幽灵"

1947年时的爱因斯坦。这位天才物理学家对美国研制出世界上第一颗原子弹起到了促进作用。

　　大科学家爱因斯坦有一个质能互换学说,即由一个原子核变成中等质量的核时,会有质量损失,而此时也就会释放出能量。别看核裂变时损失的质量不算太大,但如果按爱因斯坦的质能方程（$E=mc^2$）来计算,便会发现它所释放出的能量非常大。在爱因斯坦质能方程中,E为能量,m为质量,c为光速;1千克的物质,如果通过核反应完全转变为能量,就可以释放出25亿度电的能量。这比1千克的物质燃烧所产生的能量不知要大出多少倍。这种巨大的能量，通常被称为原子能，又简称为核能。

如上所述，铀核分裂后可以释放出巨大的能量，但如果铀核在吞噬一个"中子炮弹"，分裂成两三个碎片后，便停止反应，此时核能就没有多大的实用价值。而能利用核能的关键是另一位核物理学家费米所猜想的链式反应。链式反应的基本原理是：铀核分裂时会产生两到三个中子，除去损耗后，至少还会有一

正在视察"鹦鹉螺"号的海曼·里科弗将军。他被后人称作是"核潜艇之父"。

海底"核幽灵"

个中子去轰击另一个铀核；如此循环，持续不断，犹如锁链扣那样环环相扣。正是由于众多的铀核不断反应、不断裂变，才能产生巨大的核能量。

二战结束后，美国海军有一位拥有博士头衔的军官罗斯·冈恩不断地为核潜艇运用多方奔走，不久引起了当局的高度重视。1946年，美国海军做出决定：在海军舰艇上使用核动力。为此，海军部专门成立了原子能研究中心，并挑选了4名海军军官，前往核研究中心——田纳西州橡树岭学习核技术。这时已是海军上校的里科弗闻听这一消息后非常兴奋，在他的艰苦努力下，负责主持这个小组，此后里科弗便与核潜艇结下了不解之缘。几经周折，1948年5月1日，美国原子能委员会和海军联合对内宣布：建造世界上第一艘核潜艇！

1949年，美国国防部任命里科弗为研究发展委员会动力发展部

在爱达荷州进行核潜艇核反应堆动力系统测试的照片。改系统后来被应用于第一艘核潜艇"鹦鹉螺"号之上。

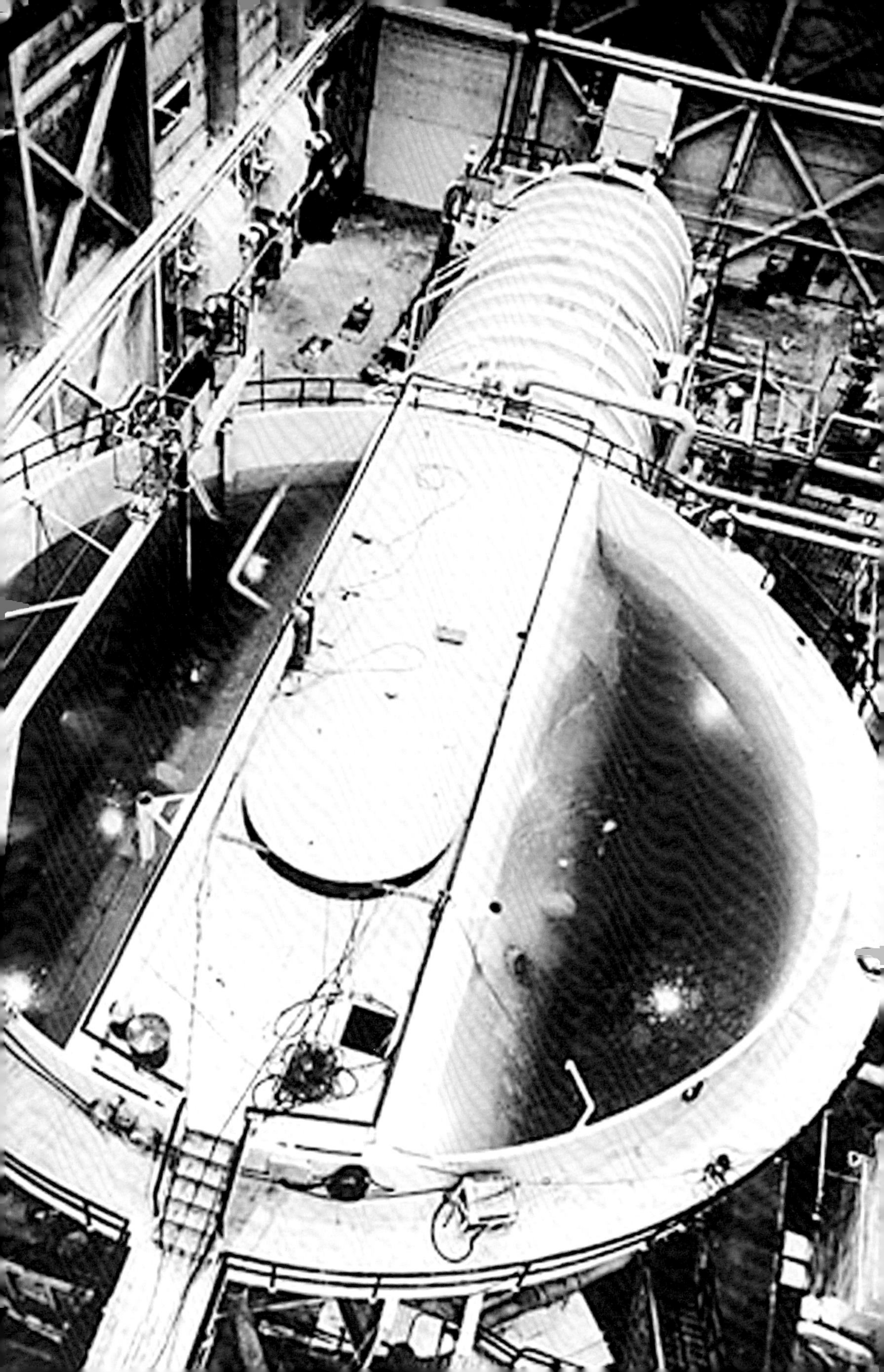

海军处负责人，同时兼任原子能委员会和海军船舶局两个核动力部门的主管，还是核动力潜艇工程的总工程师。为了及早给潜艇装上核动力，里科弗可谓绞尽了脑汁，并要重点解决两个关键环节：一是反应堆需要足够小，以便能够装到潜艇内；二是必须设法把反应堆内核裂变时产生的热能传出来，驱动动力装置。尤其是后者，简单地说，就是要让天然铀在核反应堆中，进行受控核裂变反应，从而释放出大量的热能。在里科弗的督导下，他的团队极其巧妙地设计出分隔式的两套系统：一套是传载热量的水；另一套是在蒸发器中把热量传给不带放射性流动的水，使水蒸发成蒸汽，然后去推动汽轮机发电，有了电即可推动潜艇前进。

里科弗并没有循规蹈矩，而是同时建造两套核动力装置进行试验：一套是陆地实验模型，另一套直接把核动力装置装入潜艇机舱中。这样一来虽然多花了一些钱，但是时间却整整缩短了五年。

1952年6月14日，在美国格罗顿举行了一场前所未有的仪式：世界第一艘核潜艇"鹦鹉螺"号铺设龙骨。时任美国总统杜鲁门在国防部长及陆海空三军首脑的陪同下，发表了一番慷慨激昂的演说："鹦鹉螺号的出现，为人类开辟了一个崭新的核动力世纪……"大约一年半后1954年1月21日，人类历史上第一艘核潜艇"鹦鹉螺"号，在香槟酒的飞溅沫中徐徐滑入水中。

与今天的核潜艇相比，"鹦鹉螺"号完全是小巫见大巫，

在人群注视下正举行下水仪式的"鹦鹉螺"号

海底"核幽灵"

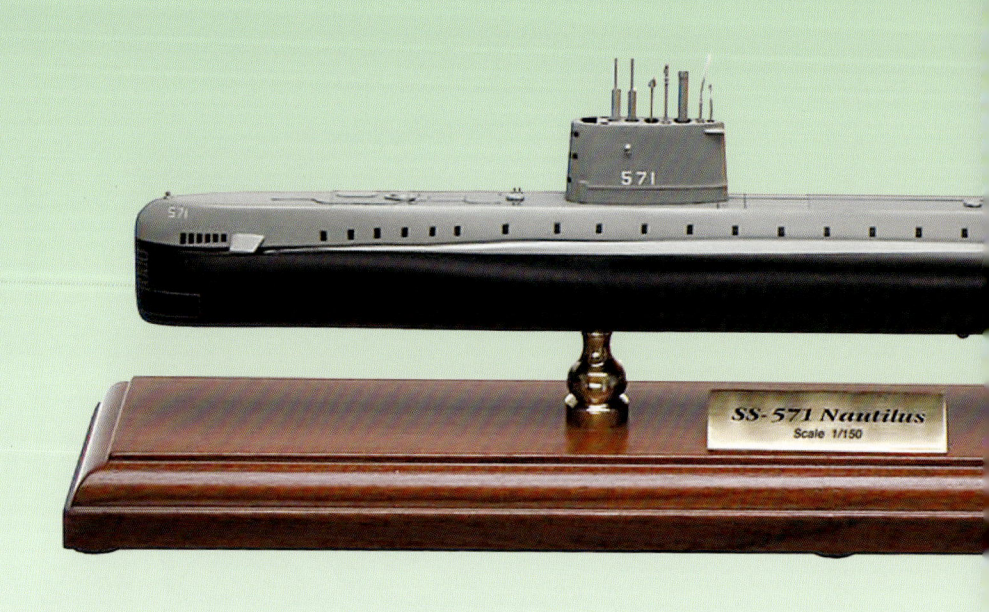

根本无法相比。这艘"鹦鹉螺"号核潜艇外形呈流线形，艇长约 90 米，整个核动力装置几乎占据了艇身长度的一半左右；它的排水量通过两个数据来反映，即水上排水量和水下排水量："鹦鹉螺"号的水上排水量为 3700 多吨，水下排水量则为 4040 吨；也就是说水下排水量约比水上排水量大出 300 多吨。它的最大下潜深度相当惊人，约达 150 米。

还有一点十分了得的是，艇上采用了核动力装置作为推动水下潜艇的动力；核动力装置的关键是核反应堆，而核反应堆的堆芯则是通过核燃料铀 235 的裂变反应产生出高热，来加热第一回路的高压水；再经过蒸汽发生器，把第二回路的水加热成蒸汽，推动蒸汽轮机运转，最后通过传动装置带动螺旋

前言

一部制作精美的比例为1:150的"鹦鹉螺"号的模型。小朋友们可以清楚地认识到该艇的外形。

桨转动推动潜艇前进。如此一来，使得它的水下平均速度为三十七八千米/小时，而最高航速则可达四十七八千米/小时；即便在今天，与现役最新的核潜艇相比，这家伙跑得也不算慢。

不过从总体上来说，"鹦鹉螺"号核潜艇只是一艘试验型潜艇，但由于它还装备了不少威力可观的武器，难怪首任艇长每当得意时总爱吹上几句："我们这艘艇装有许多鱼雷，可从水下打击各个方向的目标！"

因为吨位和体积均明显加大，所以"鹦鹉螺"号核潜艇比起常规潜艇来无论是艇员个人拥有的舱室面积，还是艇上图书馆、厨房等条件均明显得到了改善，特别是艇上安装了很大的冷藏设备，储存有大量的保鲜食品，使得艇员每天都能吃上青

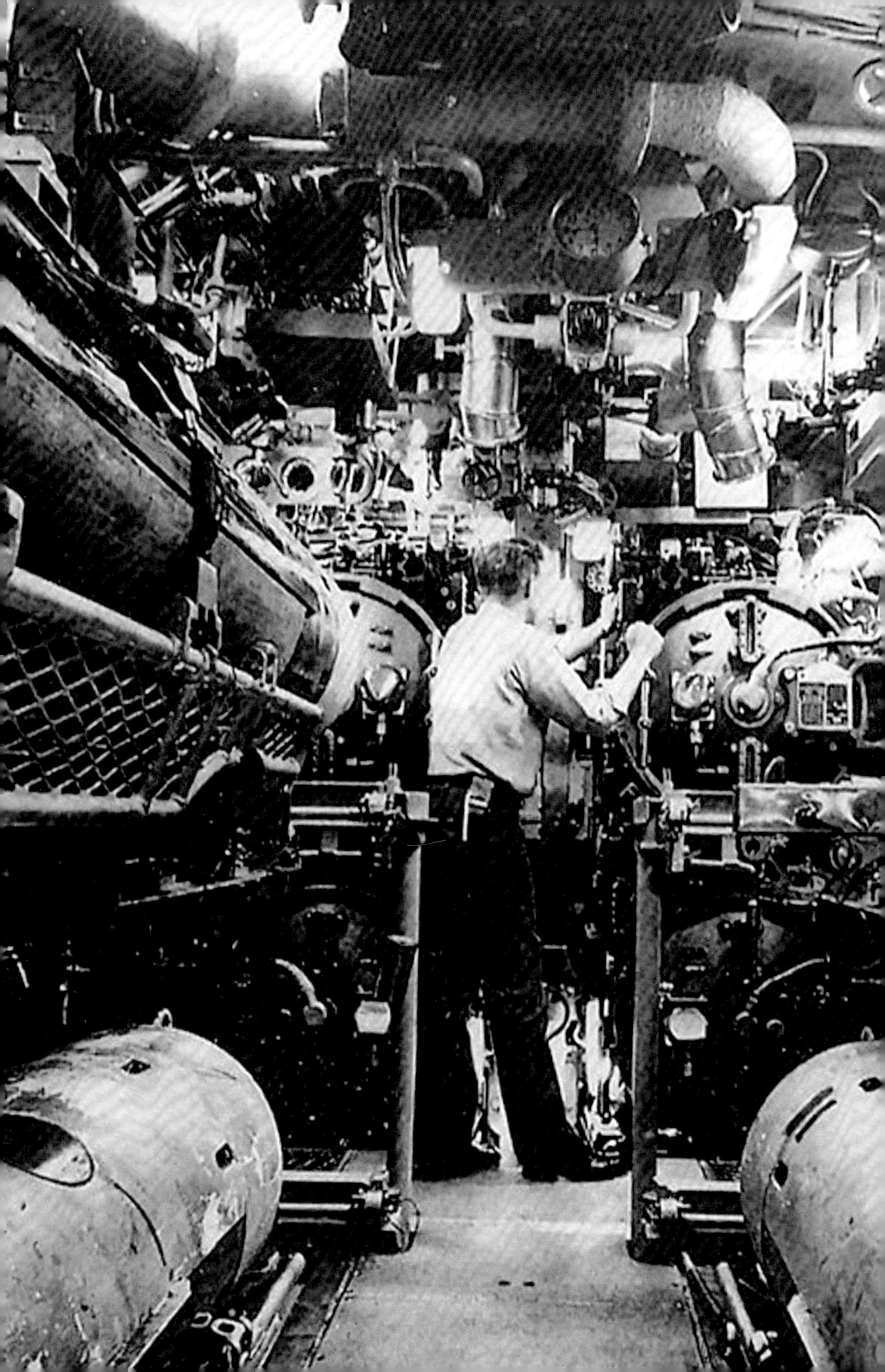

菜、水果和保鲜的肉制品。大家都知道，在深海潜艇内的艇员所吸收的新鲜氧气，均由艇上的氧气发生装置制造的。通常常规潜艇上所生成的氧气既有油气异味，也冷热调节不太好。"鹦鹉螺"号核潜艇还带来了一个极大的好处：由于采用核动力装置，使得发出的噪音要比常规动力采油机的噪音小得多，这样艇员在水下生活和工作就要舒服得多。

那是1957年7月的一天，"鹦鹉螺"号核潜艇及几艘常规动力潜艇为一方，与多艘水面战舰为另一方的反潜编队展开了一场殊死的"对抗较量"。演习大幕刚拉开不久，就有一艘常规潜艇的踪迹被对方一艘反潜水面战舰的声纳搜寻"捕捉"到，马上几艘水面战舰围聚过来，或发射鱼雷，或发射深水炸弹；没过多久，这艘潜艇便在众多武器的围攻下葬身海底。接着，又一艘常规潜艇也被对方反潜水面战舰捕捉

一张较为罕见的反映"鹦鹉螺"号内部构造的照片

海底"核幽灵"

住并毁击，最终也沉入海底，喂了鱼虾。而在整个演习过程中，"鹦鹉螺"号核潜艇只有一次曾被"短暂"捕捉住，双方展开了激烈的捕捉与反捕捉的较量，但最后"鹦鹉螺"号还是凭借着自己水下最大航速高达25节的优势，迅速摆脱了对方多艘反潜水面战舰的"围追堵截"而逃脱。

1957年6月，安德森中校激动地接过"鹦鹉螺"号核潜艇

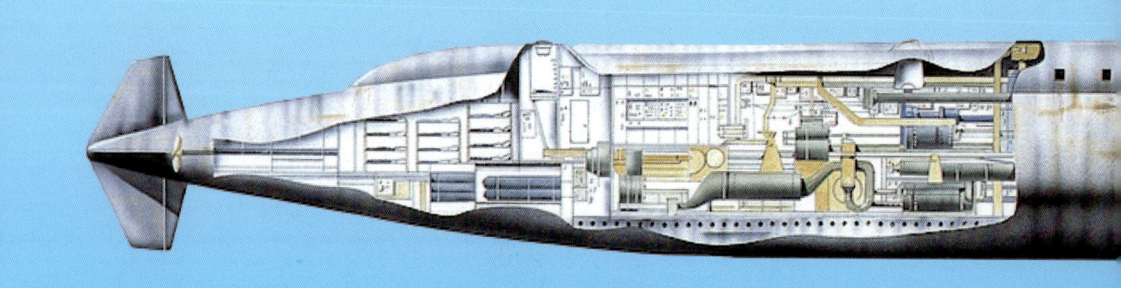

"鹦鹉螺"号的彩色侧面剖视图

前言

艇长的宝杖。然而两个月过后,屁股还没有坐热的安德森艇长便接到了一项艰巨命令:完成探索北极的任务!在此之前,北极冰下还是未曾开垦的处女地。对此安德森既紧张,又兴奋,因为他清楚,要完成这项任务,困难很多,危险较大,很多情况都是从零开始。为了使核潜艇能真正做到"眼观六路、耳听八方",在随行北极专家的建议下,艇上额外安装了9部雷达、

1部磁罗经、1部大型电罗经、2部小型电罗经。由于准备充分，以演习为名的"鹦鹉螺"号在水下经过11天的潜航，已然抵达北极冰盖的边缘。

"准备上浮！"安德森下达口令，随后核潜艇缓缓升起。出于安全起见，安德森决定先伸出潜望镜观察了一下冰面上的情况。原本以为上面的冰层较薄，使用指挥台围壳就完全可以顶破。可惜命运偏偏给他开了一个玩笑：正好此时一块浮冰漂了过来，撞坏了刚刚伸出海面的潜望镜，导致这次行动失败。

正在执行急速上浮演习的"鹦鹉螺"号

前言

　　1957年，"鹦鹉螺"号开始了第三次"横渡北极"的试验性探险；时间进入到了1958年8月的一天，"鹦鹉螺"号一步步向北极点靠近，离自己理想的目标越来越近，艇上全体人员都屏气静心等待着到达极点的幸福一刻。终于，"鹦鹉螺"号抵达北极点，此时艇长安德森中校激动地朗读起代表116名艇员的致总统信；之后，"鹦鹉螺"号径直驶向大西洋，这条历经千辛万苦闯出的冰下航线，彻底打通了人类的又一禁区。

　　如今被作为博物馆舰永久保留并对外开放的"鹦鹉螺"号。该艇静静地卧在港内，无声地诉说着核潜艇诞生背后的光荣岁月和传奇故事。

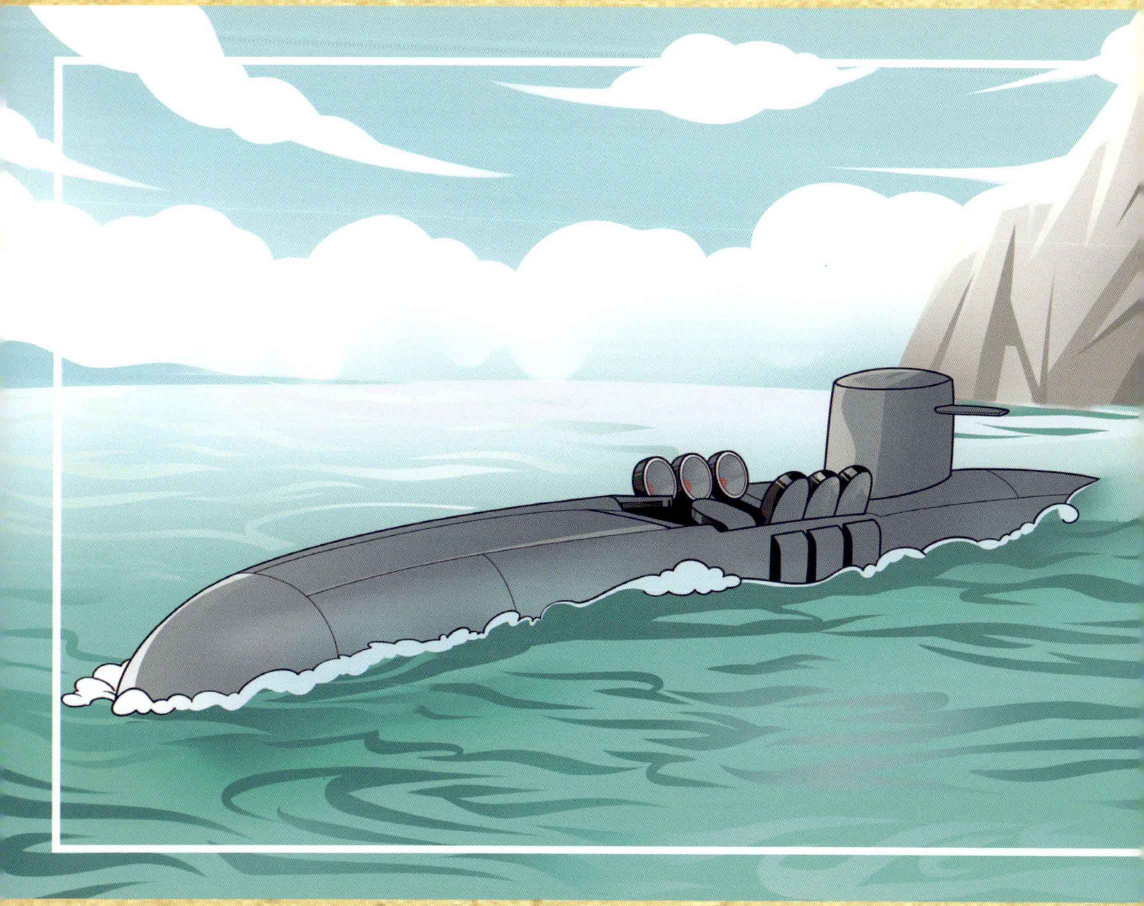

一、当今战略核潜艇"俱乐部成员"

威力颇强的美国"俄亥俄"级

海底"核幽灵"

正在船坞中接受维修的"俄亥俄"级弹道导弹核潜艇首舰"俄亥俄"号

  有人把美国"俄亥俄"级弹道导弹核潜艇（亦称战略核潜艇）誉为"当代潜艇之王"，这话不无道理！

  距今大约四五十年前，即20世纪70年代初，美国海军已至少正式发展了三代弹道导弹核潜艇，称得上在世界海底战场傲视群雄。但即便如此，当时的"拉斐特"级核潜艇也已陆续呈现出"老态龙钟"的状态，且渐感性能不佳。于是美国海军决定展开第四代"俄亥俄"级弹道导弹核潜艇的设计与建造，不仅希望能够尽早替换那些日趋老旧的战略核潜艇，继续拉大与其他国家战略核潜艇的差距，而且打算通过安装性能更优秀的"三叉戟"型潜射弹道导弹，以获取更大的打击威力。

"俄亥俄"级弹道导弹核潜艇与前者最大的不同：既在长度上增加了近1/3，艇长为170.7米，也在吨位上出现了巨大变化，水下排水量增大了一倍有余，达到了18750吨（而"拉斐特"级只有8250吨）。如果仔细观察这艘核潜艇外形，

"俄亥俄"级在水下发射潜射弹道导弹的模拟效果图

海底"核幽灵"

会发现它仿佛一根拉长的雪茄烟,煞是好看!

从1981年第一艘"俄亥俄"号核潜艇正式加入美国海军以来,它雄踞世界水下头号"核幽灵"宝座达30余年。不过该级核潜艇上最令对手恐惧之处,还是艇上配备的"三叉戟"型潜射弹道导弹。

事实上,为了配合"俄亥俄"号核潜艇尽早效力于美国海军,早在1977年,大名鼎鼎的军火商——洛克希德公司即开始了"三叉戟"型潜射导弹的研制进程。为了确保研制导弹不出意外,发射成功,厂家和军方先后进行了大量的飞行测试和试验。两年后的1979年,这款潜射导弹就已准备就绪,等待着"俄亥俄"号核潜艇的选用。加入美国海军的"三叉戟"潜射导弹共分为两种型号:最先服役的是"三叉戟I"(也称C-4),弹体长10.39米,直径为1.88米,发射重量33.14吨,采用新的三级固态火箭推进,可携带7~8个当量为10万吨级分导核弹头,最大射程达到7400千米,圆概率偏差为450米(如果通俗地说,就是这种导弹打到7400千米外的目标时的精度,它的最大偏差距离只有约450米)。从该级第9艘"田纳西"号起,采用改进后的"三叉戟II"型(也称D-5)潜射导弹,弹长13.42米,可携带8~12个当量为30~47.5万吨级分导核弹头,最大射程1.2万千米,圆概率偏差降至90米。换句话说,后者虽然打击距离大幅增加到1万多千米,它的误差率反而缩小到只有90米,打击精度大大提高了。

正飞出水面扑向目标的"三叉戟Ⅱ"型潜射导弹。该导弹是当时最为先进的潜射武器之一。

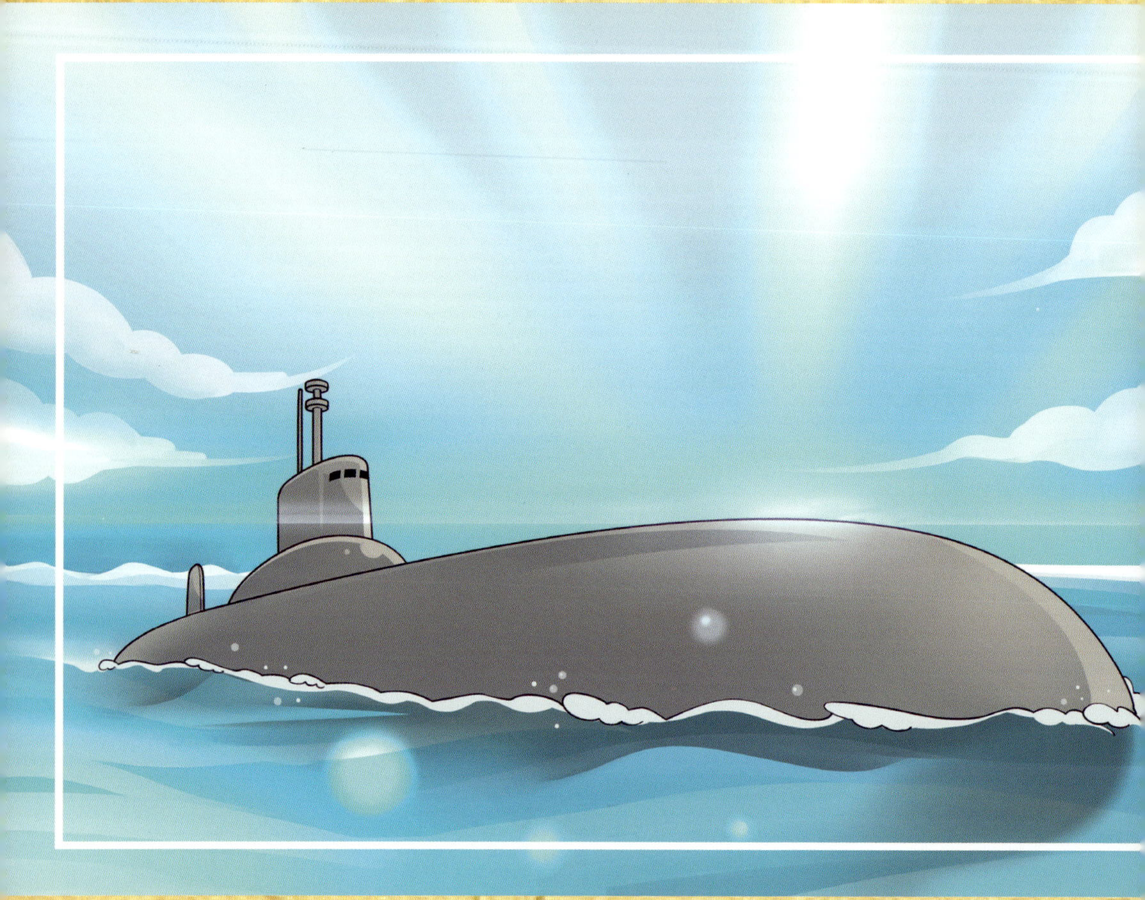

块头超过小航母的苏（俄）"台风"级

海底"核幽灵"

作为冷战时的最大潜艇制造国,苏联海军装备的"台风"级核动力潜艇可以说是"前无古人后无来者"般的巨大。

你知道吗?苏联海军第一艘核潜艇是从1958年服役的,没过多久,苏联就成为了世界核潜艇的"制造大户"。到2005年,苏联海军一共生产服役了17个级别、29个型号的252艘核潜艇,超过世界各大国建造核潜艇数量的一半以上。其中仅弹道导弹核潜艇就达4个级别、9个型号,共91艘。

苏联海军司令曾极为得意地说:"我们生产的核潜艇不

仅数量多、型号杂,而且很有自己的特点……"此话一点不假!比如说,苏(俄)核潜艇就全部采用双壳体结构,也就是说:艇上分别装有内层耐压壳和外层非耐压壳;这种结构在使得耐压壳体与非耐压壳体之间存在有较大的空间,既可缓解遭到袭击或不明水下物撞击后的威胁,也可在空间中容纳一定的设施和装备,从而明显提升了核潜艇的生存性和安全性。

长期以来,苏(俄)核潜艇的主要作战对手就是美国,因此苏(俄)海军要求:无论是攻击型核潜艇、巡航导弹核潜艇,还是弹道导弹核潜艇等,均力求各项技术指标至少等

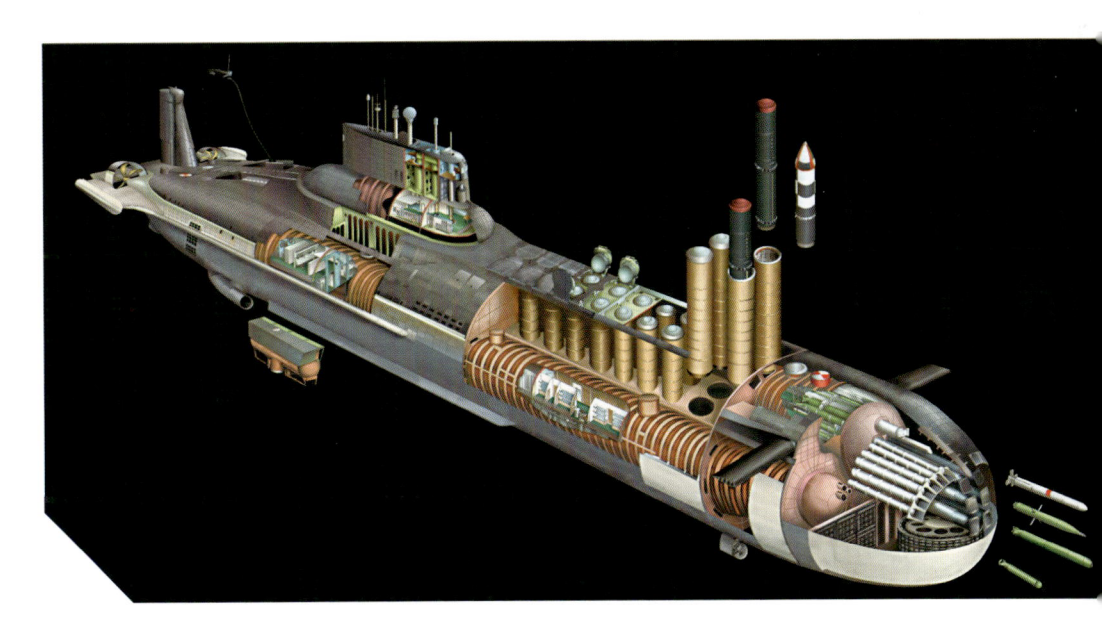

"台风"级核动力潜艇的结构图和导弹发射原理图

海底"核幽灵"

同于甚至要高于美国各种核潜艇的指标。例如美国海军核潜艇的最大下潜深度为 600 米左右，但是苏（俄）海军核潜艇的艇壳由于采用钛合金制造，它的最大下潜深度达到了 1000 米左右；再比如苏（俄）核潜艇的耐压指挥台围壳被设计成战斗机座舱盖的形状，并且把围壳舵（布置在指挥塔围壳上的舵面装置）挪移至舰首部位，由此水的阻力急剧减小，加上艇体大量使用钛合金材料，使得不少核潜艇的水下最大航速达到了 40 节（相当于 75 千米/小时），创造了潜

一、当今战略核潜艇"俱乐部成员"

在水面航行中的"台风"级核动力潜艇。其高大的水面部分确实酷似一艘大型水面军舰。

艇水下航行速度的奇迹。

在苏联海军发展史上，不少人都知道：有一款声名赫赫、体态硕大的弹道导弹核潜艇，它就是令人恐惧的"台风"级战略核潜艇。1973年12月，当时的苏联政府下达了开展"台风"级战略核潜艇的设计与建造命令。

这级由大名鼎鼎的苏联红宝石设计局承担设计的"超级水下堡垒"，刚一起步就被西方媒体和相关部门牢牢盯上了。此后随着一些技术细节的逐渐披露，世人更多地了解到这级巨艇的"庐山真面目"。据报道，这级战略核潜艇水面排水量1.85万吨，水下排水量2.65万吨（还有一种说法更邪乎，仅水面排水量就达2.45万吨，水下排水量则高达3.38万吨）。且不说后一种，仅前一种的水下排水量2.65万吨就够惊人的；这个排水量比当今一些国家的小型航母满载排水量还要大出不少。

"台风"级核潜艇不仅外形恐怖，而且各种武器装备齐全，打击威力强大。例如艇上的导弹系统一共可从北冰洋浮冰下面或巴伦支海发射出20枚SS-N-20弹道导弹；该型导弹采用三级固态燃料火箭推进，最大射程达到8300千米；与此同时，它还能发射出10枚TNT当量为20万吨的分导弹头，飞行数千千米远的导弹命中误差却只有500米。

1981年，第一艘"台风"级核潜艇正式加入苏联海军。到1989年，该级核潜艇先后共建造了6艘。也就是说每隔一年多一点时间就建造服役一艘。这个建造速度非常快，使得西方世界为之大惊失色。不仅如此，苏联海军还专门为这6艘巨型战略核潜艇成立了北方舰队第一核潜艇支队，并把它的基地安置在科拉半岛的大理查湾。为了实现更好地隐蔽和保持足够的战略威慑，苏联海军还在科拉半岛附近临海的山脉中建造了一些水下山洞和隧道。可以说，6艘"台风"级核潜艇所带来的"核幽灵阴影"，很长一段时间内在西方世界国家中徘徊和笼罩着。

一、当今战略核潜艇"俱乐部成员"

两艘并列停靠在大理查湾潜艇码头的"台风"级核动力潜艇。该艇近乎夸张的宽阔艇身一览无余

无可奈何花落去！当年显赫一时的"台风"级核潜艇，截至2017年，有3艘已经被拆除，剩下的3艘中，因性能不佳只有一艘仍勉强处于运行状态。

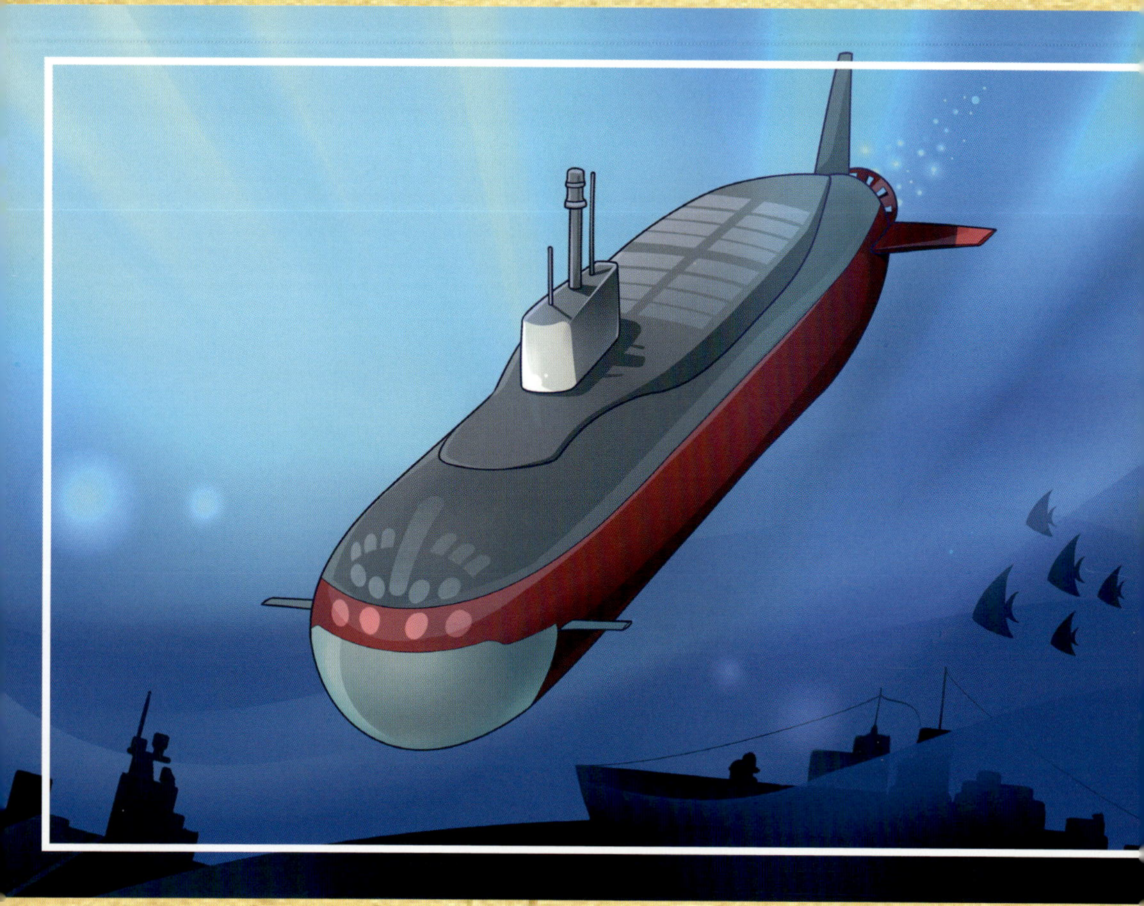

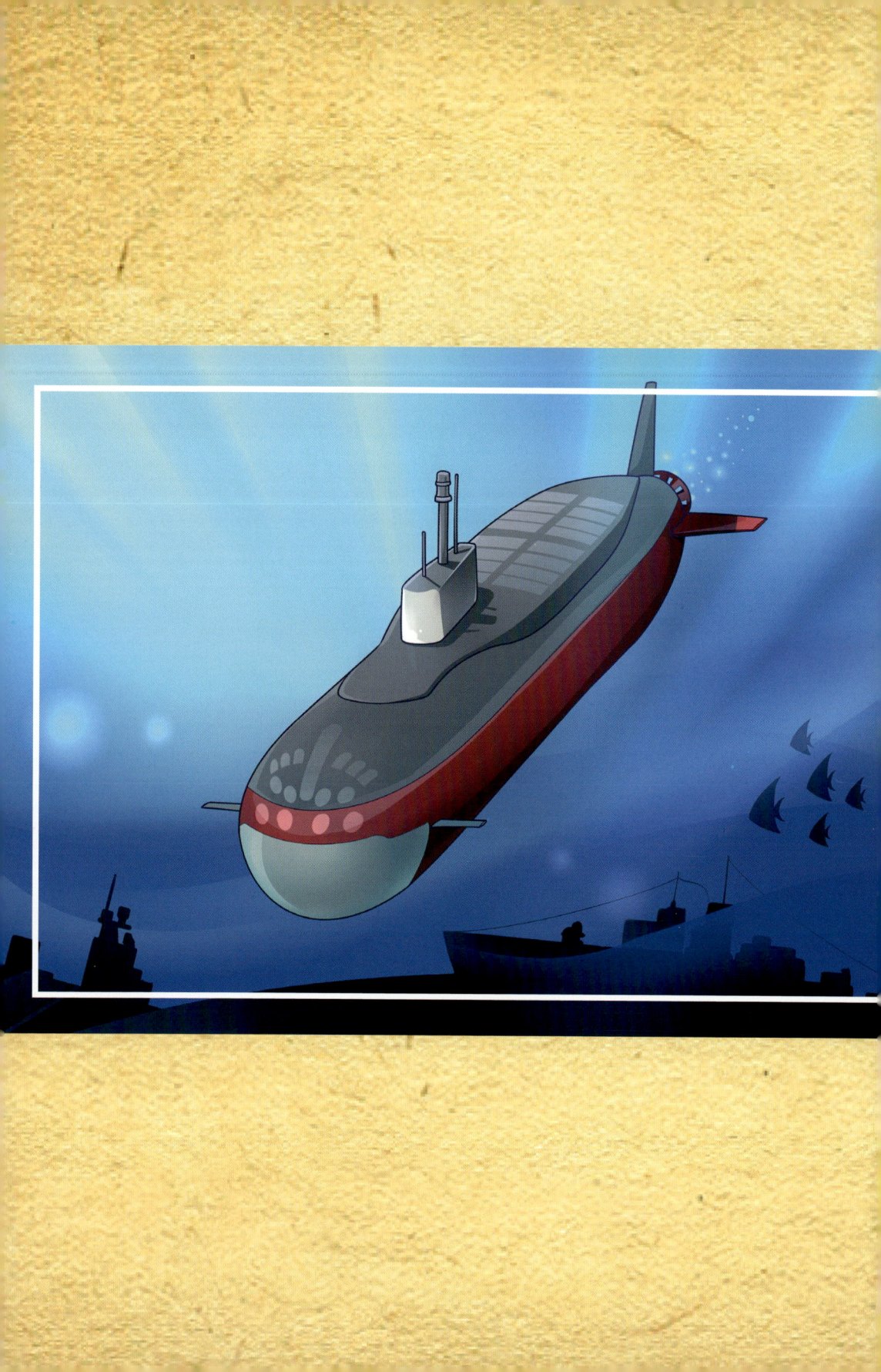

性能卓越的俄"北风之神"级

海底"核幽灵"

苏联解体后，俄罗斯继承了绝大多数苏联海军的遗产，但是由于经济持续下滑、西方的严厉制裁和军费的不断削减，使得俄罗斯海军再也掏不出更多的银子，去设计和建造各种最新的武器装备，包括昔日最为庞大的水下核潜艇力量，如今也因没有批量的新核潜艇的入役，而变得每况愈下。

2000年3月，普京出任俄罗斯第三任总统以来，他对于战略核潜艇在国家战略和安全中的重要作用给予了极为关键的肯定。"必须发展超过美国的世界一流弹道导弹核潜艇！"普京果断地做出决定。

既然要造超一流的战略核潜艇，首先就必须要有一个响亮的名字：俄潜艇设计部门和海军军方不约而同想到了"北风之神"这个名字！在古希腊神话的四大风神中，北风之神——玻瑞阿斯的脾气最为火爆，就是要让美国等西方国家感到恐惧、害怕！于是，很快就敲定由著名的俄罗斯红宝石设计局领衔担当设计。2008年2月12日俄罗斯海军"北风之神"级战略核潜艇的第一艘"尤里·多尔戈鲁基"号下水，2013年1月10日，该核潜艇正式加入俄罗斯北方舰队。

仅观察其彪悍、刚毅、流线的外表，人们便不难发现：该艇凝聚运用了苏（俄）几十年来在潜艇设计与制造技术上的精髓。可以说，它是在对先前各种先进艇体结构进行大量分析、研究和试验的基础上，在数个方案中优化选择了一种拉长水滴型的流线造型。整个潜艇长170米，艇宽13米，

一、当今战略核潜艇"俱乐部成员"

下水前夕的"北风之神"级战略核潜艇的第一艘"尤里·多尔戈鲁基"号

海底"核幽灵"

水面排水量14720吨,水下排水量17000吨,最高航速26节,最大潜深450米,安全工作深度400米。"北风之神"艇上的弹道导弹发射筒数量为"台风"级的80%,即16个,不过其导弹总威力达到了"台风"级的90%。它装备有新一代弹道导弹,导弹的动力装置为3级液体火箭发动机,而不是"台风"级导弹所用的3级固体火箭发动机。新型导弹直径1.8米、重20吨,比"台风"级上的SS-N-20"鲟鱼"导弹明显要小。不过,新一代潜射弹道导弹性能卓越,核弹头的爆炸当量加

试航中的"尤里·多尔戈鲁基"号战略核潜艇,我们可以清楚地看到位于艇首尚未拆除的起重设备。

大了。这使得苗条的"北风之神"具备更为强大的打击力及第二次核反击能力。

当然,"北风之神"级战略核潜艇还有一项超过美国"俄亥俄"级核潜艇之处,即其优越隐蔽性与出色的静音效果。例如"北风之神"级艇体表面贴敷了厚度超过150毫米的消声瓦,并在消除红外特征、磁性特征、尾流特征等方面,都采取了一些独到的隐形措施。试验结果表明,"北风之神"级核潜艇的水下噪声为108分贝,"俄亥俄"为110分贝,

"北风之神"级战略核潜艇的计算机模块化示意图

两者相差并不大,但如果考虑到"北风之神"级最大可下潜深度为450米,远远大于"俄亥俄"级的300米,可使得前者隐形技术更优秀,对方无论在水面水下还是在太空,都将很难觅其踪。

也许与美国的"俄亥俄"级相比,"北风之神"唯一的不足是艇上所装设的弹道导弹数量与射程不及前者。但是"北

一、当今战略核潜艇"俱乐部成员"

"风之神"也有自己的独到之处，还装备有4~6具鱼雷发射管，可携带18~40枚鱼雷和反潜导弹，自卫能力相当强。更重要的是，俄罗斯还将要在新的"北风之神"核潜艇上装备速度达200节（370千米/小时）的高速火箭鱼雷；这种鱼雷的速度实在是太快了！而且既能有效反潜，也能用来反鱼雷。

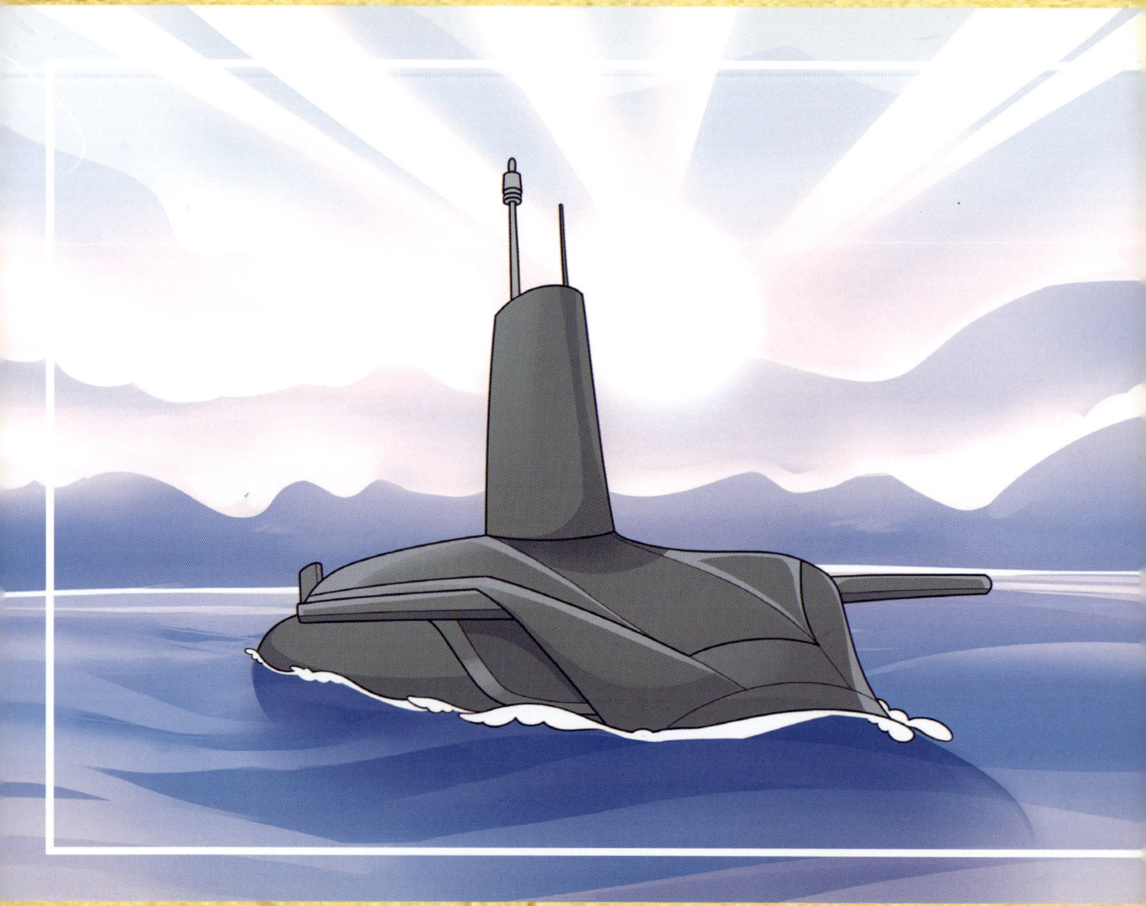

已不前卫的英"前卫"级

海底"核幽灵"

一幅描绘特拉法尔加海战的油画。英国皇家海军在风帆时代曾经所向披靡,但如今它却早已走下神坛。

有过鼎盛辉煌的英国皇家海军,曾拥有世界上最强大的海上力量!然而战后国力的衰落,军费的日减,需求的降低,使得英国皇家海军再难以恢复往日的雄风,特别是对水下战略核力量的发展与保留,曾在相当长一段时间内,处于进退两难的境地,不过最终为了保住地区大国的地位,

一、当今战略核潜艇"俱乐部成员"

留存联合国常任理事国这块颜面,英国还是决定建设一支"相对独立",仅维持"最低限度"的战略核力量。为此,英国做出一个大胆的决定:把其他陆、空军的所有弹道导弹均移到水下战略核潜艇,即不再保留岸基和空基战略核力量,说的更通俗一点,就是不在英国陆地本土上设立发射井或部署导弹机动发射车,也不再使用战略轰炸机来携带弹道导弹。

实际上,这个决定是明智的,英国人等于把自己所有的弹道导弹全部安置到水下最隐蔽,且对方最难以发现的战略核潜艇上。即便如此大幅压缩,英国皇家海军依然显得有点囊中羞涩。因为如果从头研制,这笔费用肯定负担不起,于是英国皇家海军不得不在很多方面"求助于"他的老大哥、铁杆盟友——美国,尤其是一些关键技术和搭载弹道导弹方面。例如艇体设计与建造的许多技术都是美国提供的;再如艇上所搭载的弹道导弹,英国皇家海军也基本上采用"拿来主义",全部采用美国自己仍在使用的D5型潜射弹道导弹。

虽然很大程度上借鉴和"依赖"了美

057

国，但英国也非一切照搬美国的发展思路和各项技术，在诸多甚至一些关键思路上，英国人还是显示出了自己的独立性和聪明才智。例如美国的"俄亥俄"级核潜艇采用的是装载24枚D5潜射弹道导弹，水下排水量达到1.87万吨的方案。在当时的英国决策机构，尽管这一方案受到大多数人的青睐，但后经权衡再三，英国最后还是忍痛割爱了，原因很简单：一是装载24枚"三叉戟"弹道导弹的核潜艇建造费用实在

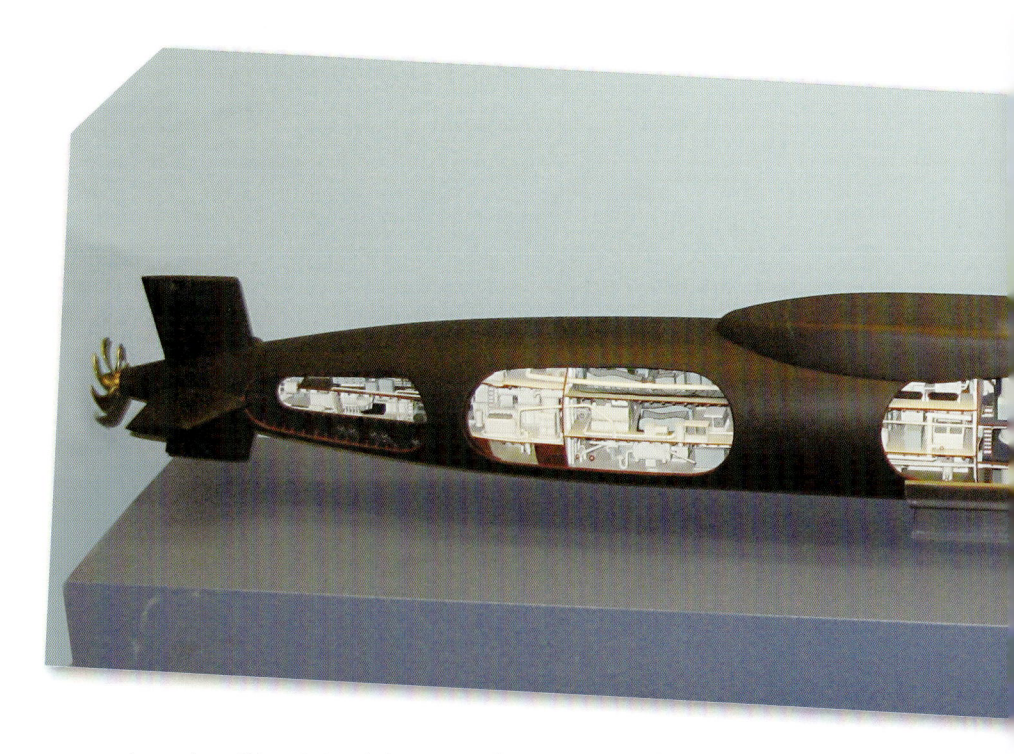

战后英国第一代核潜艇"决心"级的剖面模型。该级核潜艇为之后的"前卫"级奠定了设计基础。

一、当今战略核潜艇"俱乐部成员"

是太高了！英国承担不起，且效费比太低；二是如果真照美国的模式，所建造的战略核潜艇的艇长、艇宽等主尺度必然过大，这将增加建造难度和加长建造时间。经过充分论证与研究，英国政府与军方最后拍板，采用英国自己全新设计建造的潜艇，并装备自行研制的最新型反应堆，但装设美国"俄亥俄"级弹道导弹核潜艇上的导弹舱。

如此一来，既压缩了这级名为"前卫"级战略核潜艇的设计与建造费用，同时整个核潜艇块头、机动性乃至弹道导

海底"核幽灵"

位于英国克莱德海军基地的"前卫"号战略核潜艇

弹的数量基本符合英国皇家海军今后的战略需求及行动的需要。当然最令人欣慰的是，充分保留了英国的特点，挽留住了一点英国绅士的颜面！

"前卫"级战略核潜艇与美国的"俄亥俄"战略核潜艇之间，虽然有着不少血缘关系，但是个头、吨位、武器装载量等均明显小了或少了许多，艇长149.3米、艇宽12.8米，其水下排水量几乎比"俄亥俄"小了近2000吨，为1.58万吨；最大下潜深度为300米，水下最大航速25节，艇上携带有16枚D5"三叉戟-2"型弹道导弹，它的弹道导弹数量仅为美国"俄亥俄"级弹道导弹数量的2/3。

虽然无论从哪方面来看，"前卫"级战略核潜艇总体性能并不算最"前卫"，却也勉强能跻身世界一流行列。

在海面上执行左满舵航行的"前卫"级战略核潜艇。该级艇至今仍为英国皇家海军最大的水下武器载体。

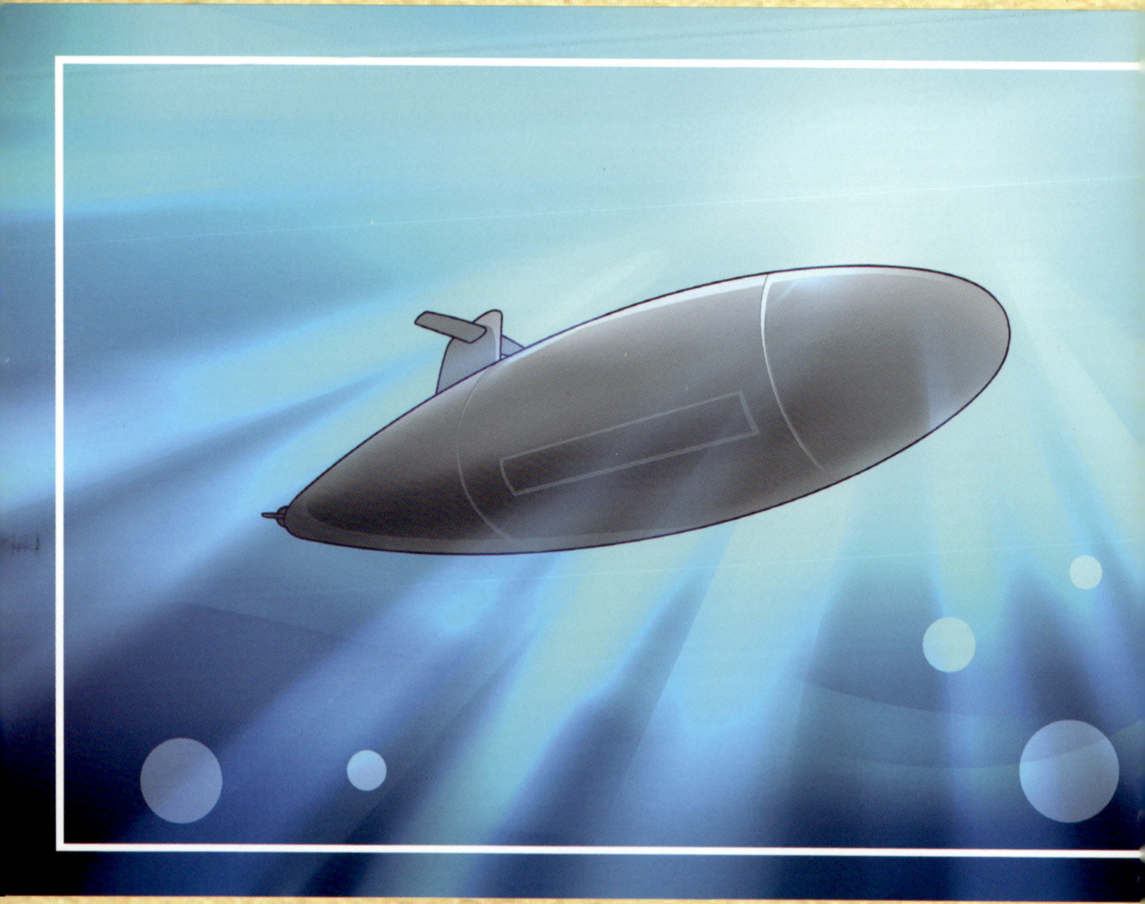

凯旋而来的法"凯旋"级

海底"核幽灵"

法国一位海军舰队司令说过，"如果法国海军没有战略核威慑，也就没有独立的海军战略！"事实上，大多数法国海军高层领导都对这个说法非常认可！于是对于能搭载绝大多数战略核力量的核潜艇的发展，法国历来也就格外重视。

从20世纪80年代初起，法国早先服役的战略核潜艇已开始显现出"老气暮年"的状况，各种问题与"毛病"日渐增多。针对这种现状，法国海军决定上马研制一款能满足21世纪作战需求，且尺寸较大的战略核潜艇。也就在1981年，法国海军史上一项重大决定终于拍板了，开始新型战略核潜艇的先期设计工作！不久法国最著名的核潜艇总设计师带领一群设计专家与技术人员，历经了整整5年的漫长设计进程。说起来好像5年的时间不算短，但法国众多的一流核潜艇设计师

一、当今战略核潜艇"俱乐部成员"

们却几乎是夜以继日，接连推出了6套设计方案。不过最终法国决策部门和海军高层还是选定了第6套设计方案。

下一步就是确保"凯旋"级核潜艇的顺利建造，法国瑟

"凯旋"级核潜艇的上一代产品"可畏"级，该级核潜艇已于2008年之前全部退役

065

海底"核幽灵"

准备下水的"凯旋"级核潜艇的4号艇"可怖"号

堡海军船厂几乎拼出了全部家当,不仅对原有的厂房进行了改造,而且扩建了原来的艇体建造车间,新建了一个具有两跨的总装车间。此外,还耗费巨资建造了一个专门供"凯旋"级下水的船坞,并在船坞中央设立了一个长方形的、重达4000吨的钢制升降平台。这样"凯旋"级后续各潜艇在船坞建造时就被放置在升降平台上。出于对"凯旋"级核潜艇上耐压舱壁的成型加工，艇体外板的加工成形，以及超长板材的加工需要，瑟堡海军造船厂再次"大吐血本"：购置了一台1.2万吨的锻压机、4000吨级的弯板机，外加一台超大尺寸的钢板加工装置。从长远发展考虑，瑟堡海军造船厂还特地购置了一台特殊的移送系统，由包括数量众多的移送车辆组成，采用了液压自动控制方式，利用这套移送装置，可以把核潜艇艇体分段送往总装车间完成建造，待完成建造之后，再利用这套特殊的移送系统，将艇体分段送往总装车间进行合拢及舾装，最后用这套移送系统把基本建造成形的"凯旋"级核潜艇送往船坞，然后下水。

在这期间曾有人提出，法国的战略核潜艇发展是否也能像英国一样，采用美国的技术和武器装备，但是最终法国政府和国防部高层否定了这一方案。如果从1986年10月切割第一块核潜艇钢板算起，到1989年6月正式开工，再到1997年3月下水，"凯旋"级首艇"凯旋"号整个建造过程虽波澜不惊，但始终牵动着法国政府与军方高层的神经。

按照自己理念设计和建造的"凯旋"号战略核潜艇，入役后的它，确实使人眼睛一亮，艇体采用单壳体结构，仿佛一个拉长的水滴形，极为光滑、流畅。全艇的流水孔明显减少，并敷设有新型消声瓦，使用了最新型的HLES-100高强度合金钢，最大下潜深度可达500米。由于采用上述一系列措施，"凯旋"级战略核潜艇的噪音水平能够与美国的俄亥俄级相媲美，甚至更低，噪音值只有110分贝。

海底"核幽灵"

一部"凯旋"级核潜艇的模型。我们可以看出该艇外形极为光滑、流畅，呈颇具美感的水滴形。

  它的指挥台围壳细长高耸并居中靠近艏部，围壳前缘设置有围壳舵。艇长138米、艇宽12.5米，水下排水量为1.4335万吨。该艇对外宣称时还有一组令人咋舌的数据：艇上装设有7.5万种各型设备，300千米长的电缆和50千米长的各型管路。

  "凯旋"级战略核潜艇采用全电力推进，动力系统由主动力装置和辅助动力装置组成。艇上的推进装置为单轴，配置在潜艇中心线上，使用精密加工制作的7叶大侧斜螺旋桨。

一、当今战略核潜艇"俱乐部成员"

这可是当今最时髦的螺旋桨,不仅采用了噪声最小的7叶,而且由于侧斜的角度较大,可以延缓和降低气泡的形成。螺旋桨上还设有防止空泡现象的导流管,该导流管可以清除螺旋桨顶边形成,且能够产生很大噪音并能造成金属破裂的空泡。该级核潜艇上还有一绝,即装有K-15压水堆,它具有功率大、体积小、重量轻、噪声低、安全可靠的特点,从而保持水面上的航速20节,水下达到25节。

当然最令对方感到恐惧的是,艇上装备有16具弹道导

海底"核幽灵"

正在水面高速行驶的"凯旋"号核潜艇

弹发射筒。法国海军4艘"凯旋"级战略核潜艇中前三艘，装备有16枚M45型潜射弹道导弹，第4艘则装备M5型弹道导弹。M45型潜射弹道导弹采用三级固体火箭发动机，每枚导弹可以携带 6 个 TNT 当量为 15 万吨的分导弹头。该弹道导弹的最大射程为 5300 千米。自 2015 年之后，4 艘"凯旋"级战略核潜艇上的 M45 型潜射弹道导弹，便全部更换为 M5 型潜射弹道导弹，后者被更换为三级固体燃料远程弹道导弹，最大射程可达 6000~11000 千米，但每枚导弹依然可携带 6 个 TNT 当量为 15 万吨的分导弹头。

为了增强 M5 型潜射弹道导弹的突击威力，该导弹采用了激光加固措施，以防对方激光器的抗击，并在飞行过程中采取旋转姿态，使飞行状态极其稳定、准确。此外，还加装了隐形弹头，先进的突发装置，以及出色的诱饵设施等。如此一来，对方要想对其实施抗击，势必难上加难。

难怪有人说，"凯旋"级战略核潜艇不仅是法国人的骄傲，也是世界水下核武器领域中的一座丰碑！

"凯旋"级核潜艇及携带的 M5 型潜射弹道导弹彩色侧视图。该级潜艇目前是欧洲最为先进的大型核潜艇

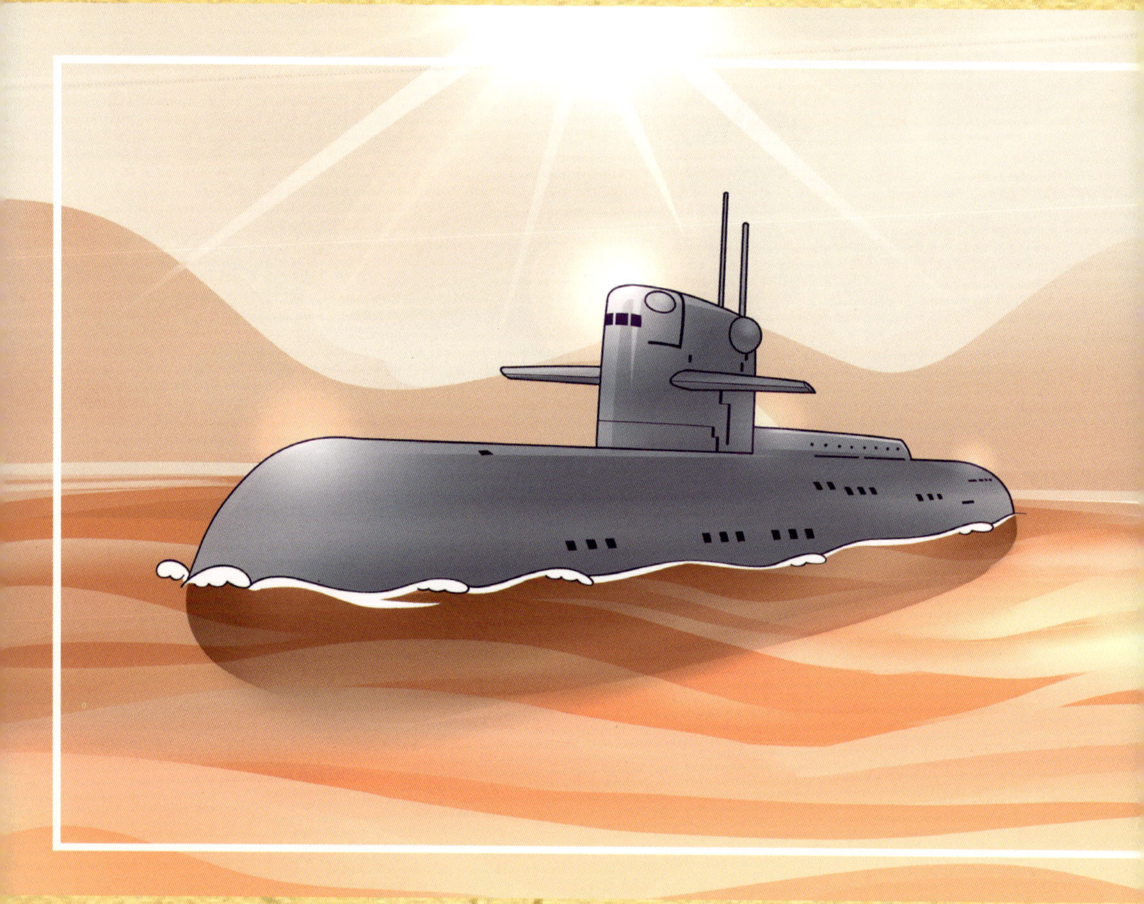

姗姗来迟的印度"歼敌者"

海底"核幽灵"

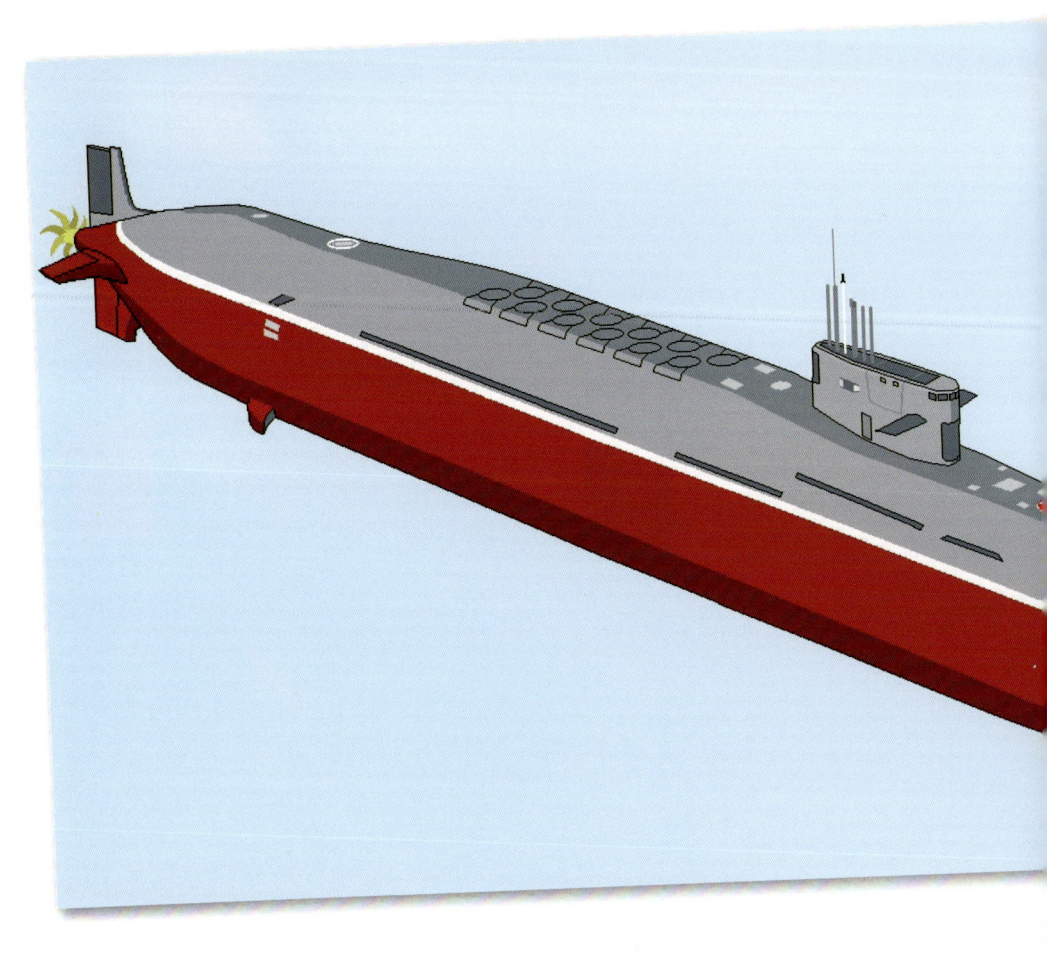

"歼敌者"号弹道导弹核潜艇的立体模拟图

在印度人看来,2016年2月无疑是一个值得炫耀的月份,也是印度海军发展史上值得浓墨重彩的一页。印官方人士称,该国首艘"自主研发"的弹道导弹核潜艇"歼敌者"号已经顺利通过所有测试,即将加入海军现役。消息传开,印度全国上下欢呼雀跃,兴奋不已,印度已成为世界上第六个拥有

一、当今战略核潜艇"俱乐部成员"

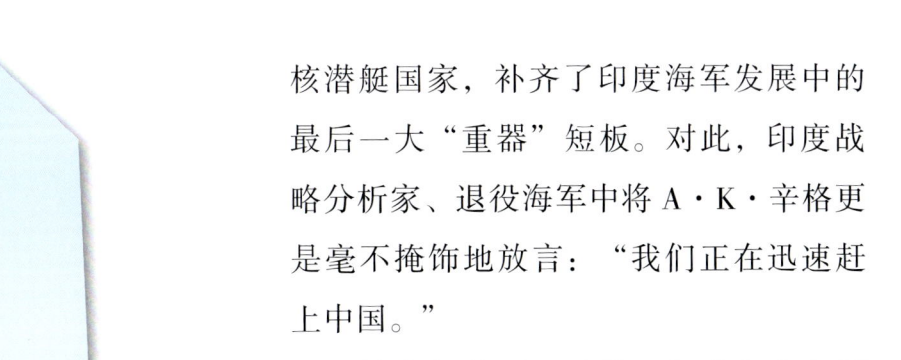

核潜艇国家,补齐了印度海军发展中的最后一大"重器"短板。对此,印度战略分析家、退役海军中将 A·K·辛格更是毫不掩饰地放言:"我们正在迅速赶上中国。"

果真如此吗?显然,印度官方和军方的某些人士是在夸大其词!客观地讲,这两年印度政府和海军的确在快马加鞭地加紧研制与试验本国的战略核潜艇,在此领域可谓一刻也没停歇,包括在艇上搭载的各型所谓"弹道导弹",诸如 K-15、K-4 等。然而梦想很美好,现实很残酷,不到两年光景,同样是这艘"歼敌者"号战略核潜艇却面临了一个极其严峻的现实,先后整整趴窝了 10 个月。期间别说出海执行作战任务,很长一段时间就连正常出航或行动于海上,似乎都成了大问题。

据说,造成将近一年趴窝的原因竟然源自一个极其荒谬的疏忽大意:原来位于该核潜艇左后侧的一扇舱门长期以来竟一直敞开着,从而导致海水倒灌进艇上推进室,并使得大量海水灌入二回

075

海底"核幽灵"

准备下水的印度"歼敌者"号核潜艇

路蒸汽管道，全艇被迫进行"开膛破腹"的大修，可别小看了这次修理和清洗，因为如此伤筋动骨的"清洗"对于一艘核潜艇来说，完全是一项十分费时、费力，且费钱的工作，搞不好还会损坏或毁坏某些部件与设施。

一、当今战略核潜艇"俱乐部成员"

究竟"歼敌者"号核潜艇缘何会发生这件看似颇为低级的人为错误？最直接的因素恐怕是印度军队尤其是印度海军舰队管理不到位、作风松散、官兵懈怠。作为国家战略重器的核潜艇本应是"军中骄子"，各级对它更应该精心呵护、

印度军队的武器装备中充斥着他国元素，例如这艘"辛德霍什"号潜艇便来自苏联研制的"基洛"级。

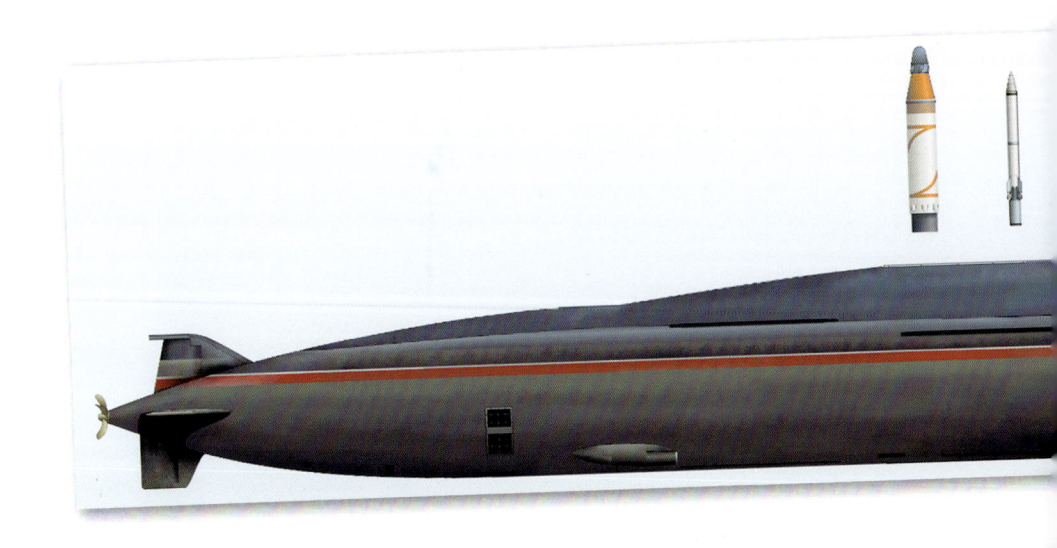

管理严格、训练有素。可惜,"歼敌者"号核潜艇上的官兵却连艇体表面为数不多的几个舱门都没能看管好、盖严好,其中一个竟长达10个月没有关闭,如此一来海水不倒灌,那才是怪事!

另一个很重要的原因在于,印度陆海空三军的武器装备大部分是购买、引进于世界其他军事大国的,包括俄罗斯、美国、法国、英国等,因此长期以来印度军队的武器装备常被人戏称为"万国牌"。如此庞杂的武器装备来源,加之各国采用了不同规范和差别

一、当今战略核潜艇"俱乐部成员"

"歼敌者"号弹道导弹核潜艇及携带的艇载武器彩色侧视图

"歼敌者"号核潜艇的水下航行模拟图

079

很大的技术标准，再加上印度本国制造的一些武器，技术程度相当落后，那么可以想象的是，印度军队的武器装备肯定是一支真真正正的万国武器大杂烩！

面对五花八门、标准不一的进口"先进武器"，尤其是那些高精尖，技术含量较高的海、空军武器装备，文化程度不高的印军士兵由于知识储备不够，接触了解较少，偏偏又碰上缺乏一整套适合这些武器装备的技术规范、训练条令、保障条例等，以至只能凭借着老经验、旧知识等来培训人员，进行管理。特别是那些刚研制或引进的"高大上"且从未接触过的武器装备，便只能是从零开始，摸索着进行，"歼敌者"号核潜艇大概即是如此。

事实上，即便没有这次事故的发生，"歼敌者"号战略核潜艇上所搭载的弹道导弹的性能，确实也令人不敢恭维。鉴于起点低，印度"歼敌者"号最初只确定携带12枚K-15导弹或4枚K-4导弹。其中携带的第一款K-15潜基弹道导弹，由印度国防研究与发展组织研发，其发射重量约为10吨，最大射程仅为700千米左右，最大投掷弹头约为500千克，可携带战术核弹头。尽管K-15导弹对反导系统具有较强的突破能力，且具有很好的适应性，可支持多种类型的弹头，但K-15导弹其实是一种不合格的弹道导弹，导弹射程既短，投掷重量也太小。

在"烈火5"中程弹道导弹基础上，印度接着又研发了K-4导弹。应该说这是一款性能有所提高，且采用固体燃料的中程潜射弹道导弹；它的重量约为17吨，长度为12米；最大射程为3500千米，最大投掷重量为2500千克。下一步印度还将在上述基础上研发K-4-2导弹。旨在通过降低弹头重量到1000千克，从而使最大射程增至5000千米。但这款弹道导弹的多次试验、试射均不理想，它的第四次试射即2017年12月17日的试射再次以失败而告终，初步原因可能是从水下弹出后，点火装置出现明显故障。

其实印度海基核力量试验即便每次均能圆满成功，恐怕在短期内其战略核潜艇上的弹道导弹射程也难以达到世界普遍公认的标准（国际公认标准，潜基弹道导弹最小射程必须在8000千米或8000千米以上）。但眼下印度战略核潜艇不仅自身水下吨位小（仅约6000吨），而且所载的弹道导弹射程最大也只有3500千米，双方的差距均实在太大。按印度人自己的说法，现如今，它的"三位一体"核力量中，就差海基核力量这块短板了。然而印度海军不遗余力，急于求成，甚至有点揠苗助长的做法不仅心态偏颇，而且用力方向也不对，所以最终很有可能导致"欲速则不达"。

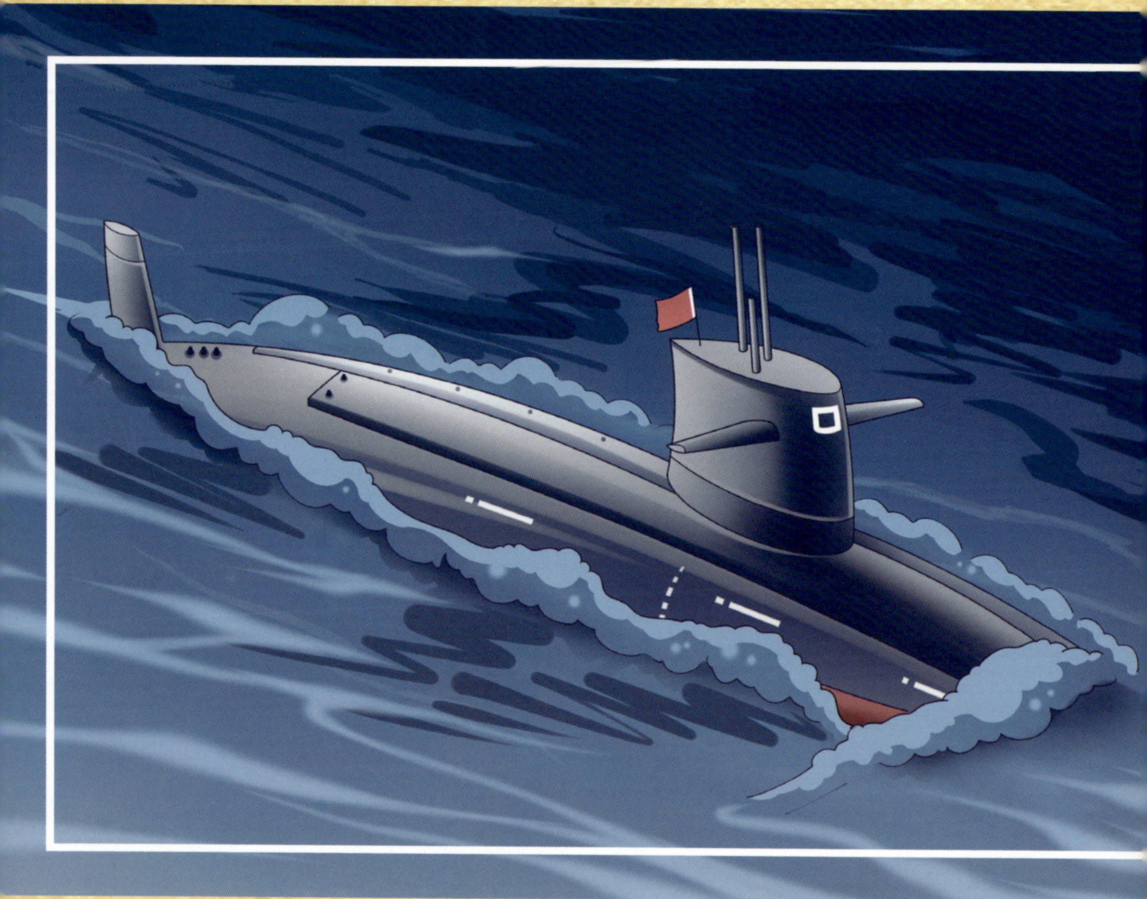

实现中国梦的核潜艇

海底"核幽灵"

黄旭华院士的近照

  2018年1月2日,中央电视台新闻联播栏目中报道了中国第一代核潜艇总设计师、中国工程院院士黄旭华的事迹,同时也罕见公布了中国第一代核潜艇研发期间的视频和图片。

  黄旭华院士被不少人称之为"核潜艇之父",是我国第一代核动力潜艇研制创始人之一。他原籍广东省揭阳市揭东县玉湖镇新寮村,1924年2月24日出生于广东省汕尾市海

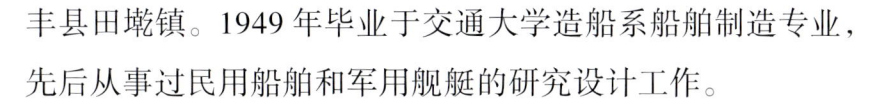

丰县田墟镇。1949年毕业于交通大学造船系船舶制造专业，先后从事过民用船舶和军用舰艇的研究设计工作。

1958年，面对当时掌握核垄断地位的美国不断施加的核威慑，面对苏联领导人"核潜艇技术复杂，价格昂贵，你们搞不了"的"劝告"，毛泽东同志毅然决然发出了伟大的号令：

"核潜艇，一万年也要搞出来！"

由此，我国正式启动研制核潜艇的项目。同年，曾参与仿制苏式常规潜艇的黄旭华，因其优秀的专业能力被调往北京，参加我国第一代核潜艇的论证与设计。

"我那时就知道，研制核潜艇将成为我一辈子的事业。搞不出来，我死不瞑目！"他后来回忆那段往事时，神情激动地说道。

万事开头难！进行核潜艇研制之初，整个核潜艇研发团队只有29个人，平均年龄不到30岁。当时，中国的核潜艇研制属于"一穷二白"，而美国、苏联等国家已先后研制并服役了核潜艇。

最为困难的是，当时的黄旭华等一群年轻人完全不知道核潜艇究竟长得是啥模样？不仅黄旭华没有见过，其他任何人也都没见过，至于艇体内部究竟是什么构造？那就更加不清楚。更为严峻的是，所有的人都不知道要从哪里才能找到一点可借鉴或可参考的技术资料。但这些人都很清楚，核潜艇威力巨大，诸如一颗高尔夫球般大小的铀燃料，足可让潜艇航行6万海里。这对于尚处于起步阶段的新中国海防建设

海底"核幽灵"

来说极为重要！

没有知识积累，他们就大海捞针、遍寻线索，甚至通过"解剖"模型来获取信息。黄旭华和同事们一边对国内的科研技术力量调查摸底，一边从国外新闻报道中搜罗有关核潜艇的只言片语。

常言道，机遇总是愿意给有准备的人！一次，有人从国外带回两个美国"华盛顿"号核潜艇模型。黄旭华如获至宝，把模型拆开、分解，他兴奋地发现，里面密密麻麻的设备，竟与他们一半靠零散资料，一半靠想象推演出的设计图基本一样。"再尖端的东西，都是在常规设备的基础上发展、创新出来的，没那么神秘。"从此，黄旭华更加坚定了自信心。

一、当今战略核潜艇"俱乐部成员"

苏联最早的核潜艇"K-3"号。在冷战时期，美国和苏联是两个核潜艇超级大国

不过整个研制进程并不是一帆风顺！每当遇到较大困难或障碍时，总有一些好心人劝他，"目前连基本的研制条件都不具备，怎么能干得起来？"不过，黄旭华和同事们早已顾不上这些！他们努力创造条件，克服了一个又一个困难，硬是靠着尺子、算盘计算和打出一个个重要、准确的数据。

实际上，研制高精尖且极其复杂的战略核潜艇，必须借助和运用各种复杂、高难度的运算公式和数字模型。对核潜艇来说，稳定性至关重要，太重容易一沉到底，太轻则潜不下去，重心斜了容易侧翻。可以说，只有精确计算、精到设计，才能确保成功。然而艇上的设备、管线数以万计，如何才能精密测出各个设备的重心，调整出一个最为理想的艇体

海底"核幽灵"

航行中的美国第一代弹道导弹核潜艇"华盛顿"号。该艇为黄旭华等人的研究提供了灵感。

重心呢?

中国的"天河二号"超级计算机峰值计算速度可达到每秒 5.49 亿亿次。可是在当时,黄旭华他们连一台简单的计算器也没有,只能用算盘、尺子这些十分原始的计算工具。但是黄旭华等人硬是使用大量的"十分原始"的算盘和各种计算尺,最终啃下了各种体量巨大的关键数据。为了确保计算结果百分之百的精准,黄旭华将研制人员分成两组,分别单独进行计算，每次只有获得相同答案才能通过，进行下一步。一旦出现不同结果，就要推倒重算。为了尽早拿下所有数据，黄旭华等人简直就是在日夜不停、争分夺秒地计算。

黄旭华还想出了现在看来十分"笨拙"的土办法：把科技人员派到设备制造厂去弄清每个设备的重量和重心。设备装艇时，在艇体进口处放一个磅秤，凡是拿进去的东西都一一过秤、登记在册，大小设备件件如此、天天如此。正是

"天河二号"超级计算机

海底"核幽灵"

通过这样的"斤斤计较",使得这艘排水量达数千吨的核潜艇,在下水后的试潜、定重测试值和设计值几乎一模一样。

核潜艇配套系统和设备成千上万,涉及的技术复杂,而

正在执行下水仪式的中国第一艘核潜艇"长征一号"

一、当今战略核潜艇"俱乐部成员"

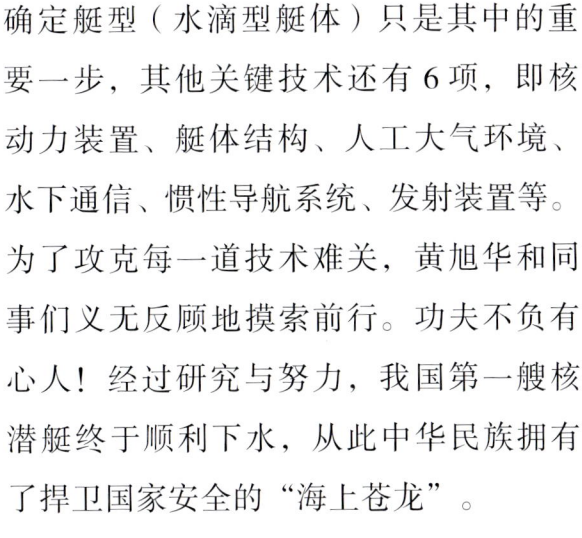

确定艇型（水滴型艇体）只是其中的重要一步，其他关键技术还有6项，即核动力装置、艇体结构、人工大气环境、水下通信、惯性导航系统、发射装置等。为了攻克每一道技术难关，黄旭华和同事们义无反顾地摸索前行。功夫不负有心人！经过研究与努力，我国第一艘核潜艇终于顺利下水，从此中华民族拥有了捍卫国家安全的"海上苍龙"。

1970年12月26日，承载着中华民族强国梦、强军梦的第一艘核潜艇从水中浮起时，黄旭华激动得泪流满面。中国人没有依靠任何外援，仅用11的年时间，就研制出了世界其他几个大国花了几十年时间才研制出的核潜艇。从这天起，中国跻身成为世界上第五个拥有核动力潜艇的国家。

1988年初，我国第一代核潜艇将按设计极限，在南海开展深潜试验。内行人都明白，这是一次非常重要的试验，也是一次极其危险的试验。试验前，有些参试人员的宿舍里时常响起《血染的风采》这首悲壮的歌曲，有人甚至偷偷

091

海底"核幽灵"

一、当今战略核潜艇"俱乐部成员"

在"长尾鲨"号沉没一年半之后,深海潜水器拍摄的该艇上舵的照片。"长尾鲨"号是历史上第一艘因事故沉没的核潜艇

给家人写下了遗书。这也难怪,20世纪60年代,美国当时最先进的"长尾鲨"号核潜艇在深潜试验时失事,有129人葬身海底。美国潜艇的事故的确使人对深潜试验有所顾虑,第一艘国产潜艇能完全没有危险吗?

面对一些人的顾虑,黄旭华当场宣布:"中国设计建造的核潜艇是成功的,也是有安全保证的,我将与大家一起搭艇下潜,以雄赳赳、气昂昂的精神,一定把试验数据拿回来。"

试验开始了!核潜艇下潜深度不断增加,50米、100米、150米……艇内的科技人员和官兵不时可以听到艇体某处传来的"嘎巴、

嘎巴……"声响。这是海中深处水下压力挤压艇体的声音。众所周知，在水下，深度每增加10米，就对水中物体增加一个压力。要知道在寂静漆黑的水下，听到这些声音，如果找不出原因，确实有点渗人。此时，不少人看黄旭华神情自若，依然井井有条地指挥着后续的各项试验。

过了一阵，只听有人喊了一嗓子，"试验成功了！"全艇顿时沸腾起来。此时的黄旭华更是豪情万分，难抑激动，即兴挥毫："花甲痴翁，志探龙宫，惊涛骇浪，乐在其中！"

时至今日，已93岁高龄的黄旭华时常挂在嘴边当年那"我们的核潜艇没有一件设备、仪表、原料来自国外，艇体的每一部分都是国产！"的豪言壮语，仍不断地在我们耳边回响。

2013年10月15日，已经退出现役的中国首艘核潜艇"长征一号"在拖船的拖带下，靠泊在位于青岛的海军博物馆码头。10月29日，中国国防部网站正式对外宣布，中国海军第一艘核潜艇，将作为博物馆展品对外公开展出，而在进驻博物馆前，该艇已完成了核废料、核反应装置及相关设备的安

一、当今战略核潜艇"俱乐部成员"

全、彻底、稳妥的处理,所有相关指标完全符合国际标准,达到博物馆对外公开展览要求。这标志着中国核潜艇从研制生产、使用管理,再到退役处置,完全形成了全寿命的保障能力。

如今作为博物馆在青岛展出的"长征一号"核潜艇

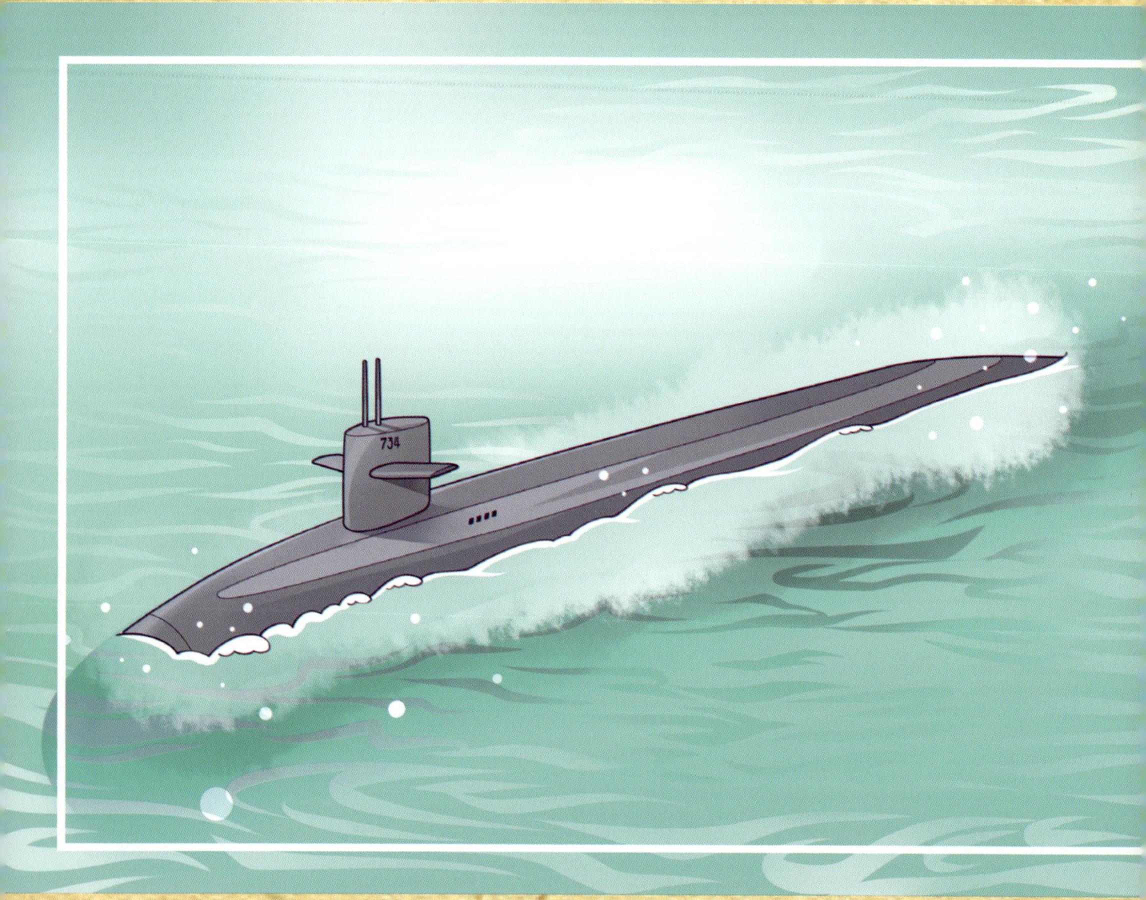
734

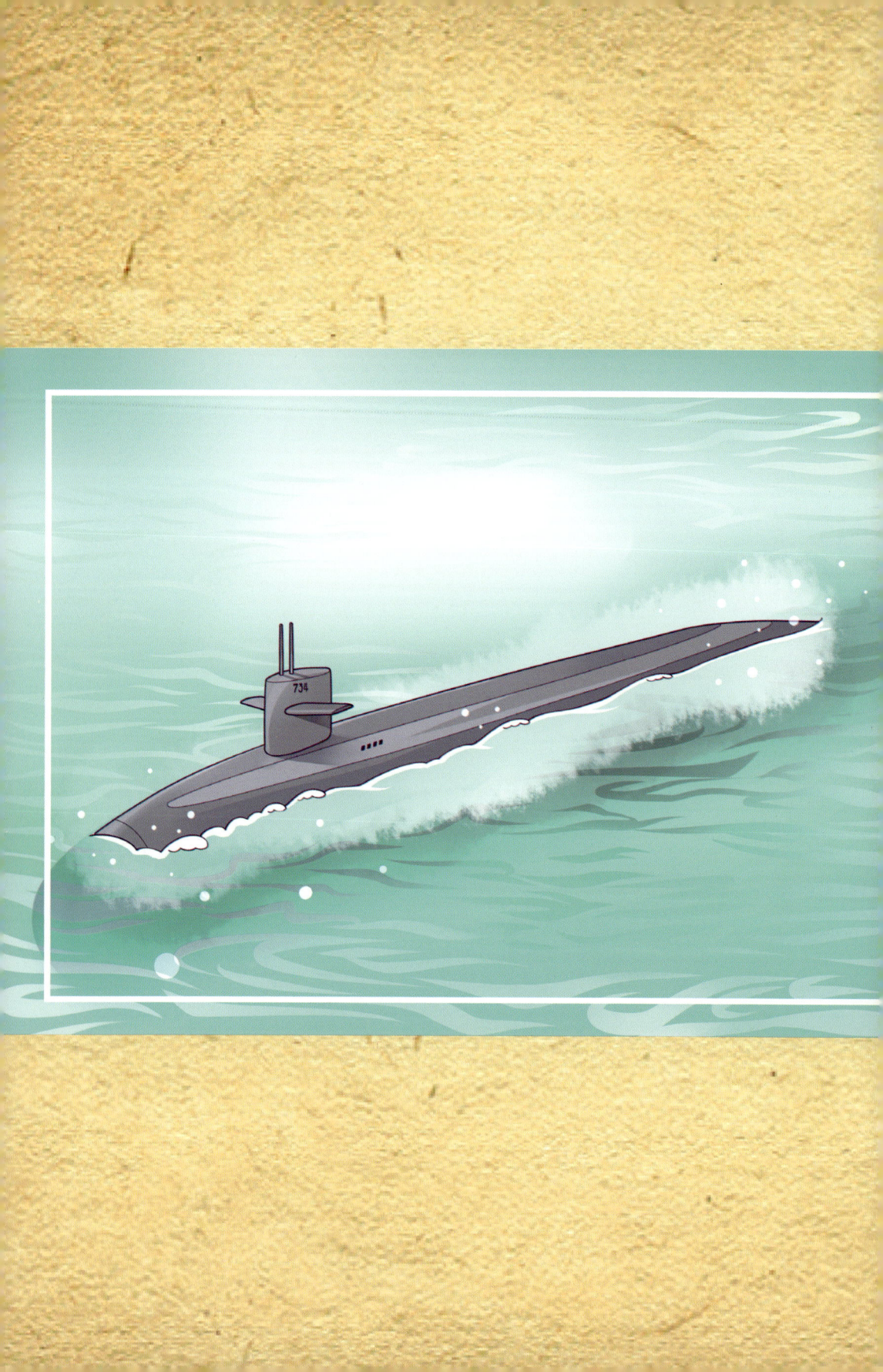

二、战略核潜艇的明天

孕育腹中的美国"哥伦比亚"级

海底"核幽灵"

长期以来，美国军方养成一个极其"霸道"的思维，即它们陆、海、空三军作战能力乃至所有的武器装备，都必须强于世界其他任何国家的武器装备一代以上，有的甚至要求超过两代或三代，以确保美国实力和军力的绝对优势。这其中主要原因是，为了自己能永远强于对手的缘故。

在战略核潜艇这个"重器"领域，美国就更是如此！

当世界时钟刚刚拨过2000年，美国海军便着手开始论证并起步进行美国海军新一代弹道导弹核潜艇——"哥伦比亚"级战略核潜艇（早期称之为"SSBN-X"或"俄亥俄替换艇"）

画家笔下的美国第五代核潜艇"哥伦比亚"级的效果图

二、战略核潜艇的明天

的研制工作。

尽管新一代战略核潜艇研制上马了，但前进途中始终面临着发展思路、技术难题，以及研制经费等问题与麻烦，从而使得美国海军的新型战略核潜艇发展道路走得并不顺。就这样，直到2008年，美国海军才正式向通用动力电船公司下达了价值5.92亿美元的研发合同。

也许是命途多舛！时间又整整过了8年，即到了2016年7月，美国海军才第一次对外宣布将"SSBN-X"首舰命名为"哥伦比亚"号，它是以美国哥伦比亚特区来命名的。翌年1月4日，"哥伦比亚"级核潜艇项目正式通过美国国防部国防采购战略审查，并成为美国国防部的重大国防采购项目。应该说，此时它的整体进展才算真正迈入了快车道。

为了绝对保持这级核潜艇问世后能达到世界一流，美国海军专门聘请了业内最顶尖的核潜艇设计师进行系统设计。在通过把包括美国在内的各国一流战略核潜艇的优点及弊端逐一分析、比较后，再进行有借鉴的吸收与利用，然后在此基础上最终设计一款最有利于未来水下作战行动的战略核潜艇。

最新一代的"哥伦比亚"级核潜艇将成为美国海军有史以来建造的"块头"最大的核潜艇，其吨位要比"俄亥俄"级还稍大一些，水下排水量由后者的近18700吨增加到20810吨，长度由后者的170.7米增加到171米，艇宽由后者的12.8米增加到13.1米，但艇员人数却相差无几，"俄

099

海底"核幽灵"

"哥伦比亚"级核潜艇的3D效果图

亥俄"级大约是157人,而"哥伦比亚"级是155人(还少两人)。不过"哥伦比亚"级战略核潜艇的建造数量为12艘,明显少于"俄亥俄"级战略核潜艇的14艘(该级的最大服役数量为18艘)。

无论从哪方面来看,"哥伦比亚"级战略核潜艇的特点均十分突出。首先,"哥伦比亚"级战略核潜艇的隐身性能优秀,进行了出色的外形设计及大量使用各项先进技术。"哥伦比亚"级采用"弗吉尼亚"级经过多年充分使用和检验后的多种隐身措施,使得其隐身效果极为突出。比如在潜艇壳体上敷设声隐身超材料覆层,可大幅降低对方主动声呐探测到的概率,性能优于传统的消声瓦。该艇第一次采用模块化的通用导弹舱设计。每艘"哥伦比亚"级有4个通用导弹舱,舱内有4具潜射弹道导弹发射管,相关辅助设备也集成在舱

二、战略核潜艇的明天

内,加之外部管线和接口数量大大减少。此外,艇上还将安装永磁式电动机,同时还将使用喷水推进器。由此一来,全艇的隐身性、可靠性等均大幅提高。

其次,"哥伦比亚"级的"心脏"异常强劲有力。该艇的核反应堆寿命为42年,与潜艇的寿命完全相同。近年来,美国海军几乎所有研发和建造中的核动力舰艇,普遍采用反应堆与舰艇同寿命的设计与建造。例如美国海军"福特"级航母上的A1B型和"弗吉尼亚"级核潜艇上的S9G型反应堆,它们的寿命期分别为50年和33年,都称得上是长寿命反应堆。这种长寿命反应堆,既有利于节省核潜艇的使用成本与保养费用,也由于理论上"一生"无须进工厂船坞更换核燃料,可显著提高潜艇在航率,相当于减少了配备的潜艇需求数量。

再次,"哥伦比亚"级核潜艇的"拳头"更硬更猛,打击手段也更多。艇上装备有16具潜射弹道导弹发射管("俄亥俄"级则装备有24具导弹发射管),可部署的潜射弹道导弹数量由280枚减少到192枚。"哥伦比亚"级潜射弹道导弹发射管的直径与"俄亥俄"级相同,均为2.1米,但长度增大至14米,可兼容"俄亥俄"级搭载的"三叉戟ⅡD5"潜射弹道导弹,同时也为下一代导弹预留了空间。"哥伦比亚"级战略导弹核潜艇上很可能会搭载高超音速武器,同时将具备核战略打击和常规进攻能力,使得它的打击力和威慑力均很强。该级艇更适合作为无人水下航行器(UUV)的搭载、释放和回收平台,潜射弹道导弹发射管能搭载大中型UUV,

海底"核幽灵"

进行水下侦察与作战行动。"哥伦比亚"级战略导弹核潜艇通过搭载UUV，既有利于增强自卫能力，提高使用灵活性和拓展任务范围，也可在强对抗环境下，替代有人平台，执行侦察、监视、情报、反潜、反舰、反水雷、封锁等风险较大的作战任务。

如果不出大的变化，按照美国舰艇既定的建造计划，"哥伦比亚"级首艇将于2021年开始建造，2030年服役。由此看来，美国海军将寄希望于这级核潜艇在本世纪后半期，乃至21世纪末，都能担当起水下战场中绝对一流的"海底杀手"。

二、战略核潜艇的明天

正在水下发射导弹的"哥伦比亚"级潜艇的效果图

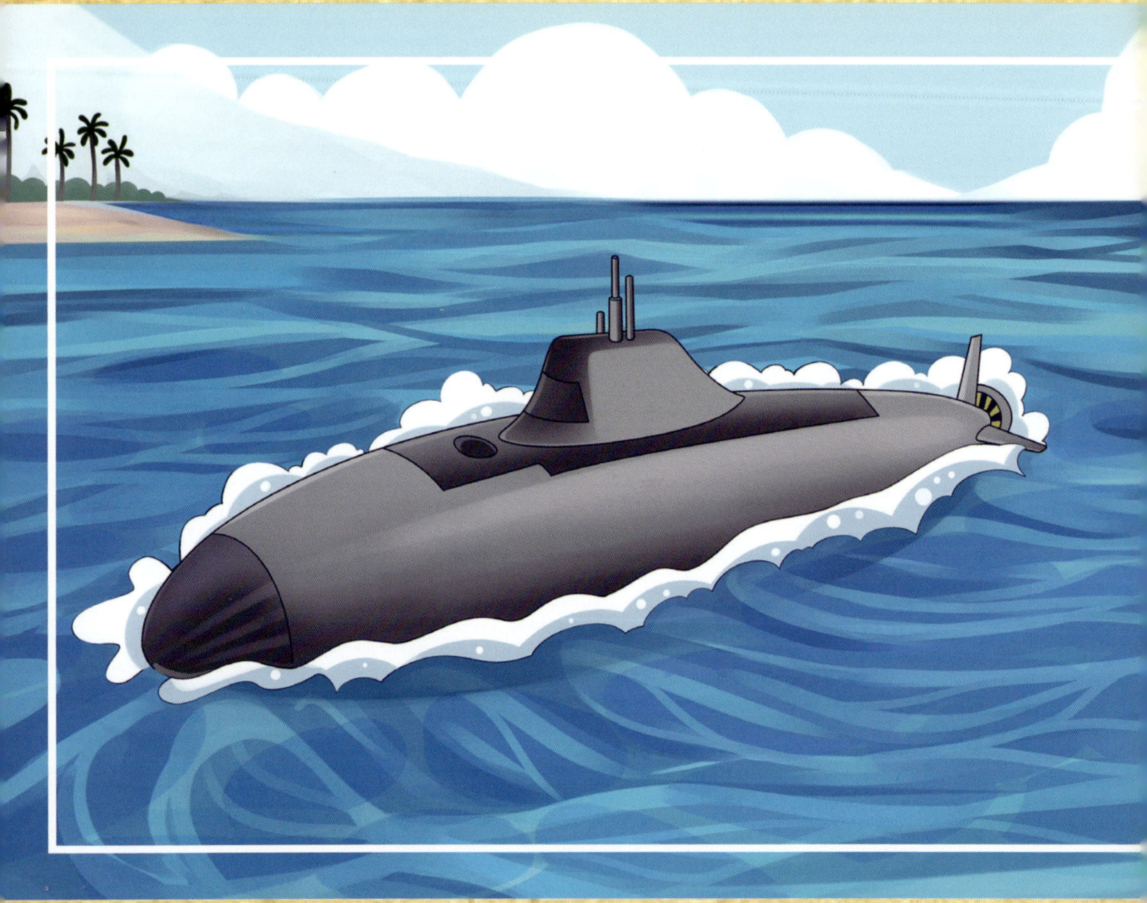

"明日之星" 俄罗斯第五代核潜艇

2017年11月中旬，绝大多数领土处于北纬45度以内的俄罗斯已进入了初冬，天气开始日渐转凉，人们开始逐渐减少户外活动。不过当月17日这一天，有一位军人特别慷慨激昂，他就是刚刚视察完北德文斯克海军造船厂的俄罗斯海军总司令弗拉基米尔·科罗廖夫。此刻的他再也按耐不住内心的激动，兴奋地对外宣布：俄罗斯第五代多用途核潜艇"哈斯基"级的设计工作已经展开，整个设计工作将于2018年年内完成。

也许是受到俄罗斯海军最高级别官员大胆披露核潜艇信息的鼓舞与刺激，俄罗斯联合造船公司副总裁伊戈尔·波诺马廖夫近期也"跃跃欲试"地向俄新社等媒体接连爆料：在2020年885型"亚森"级核潜艇项目竣工之后，俄罗斯联合造船公司就将准备开始进行第五代"哈斯基"级多用途核潜艇的建造工作，预计俄罗斯海军舰队可以在21世纪30年代接收第五代核潜艇。这份决心与雄心丝毫不亚于美国人！

实际上，早在2016年8月，俄罗斯国防部就曾正式授予俄罗斯著名的"孔雀石"设计局着手研制第五代"哈斯基"级核潜艇的合同。此后，有关"哈斯基"级核潜艇设计的多种信息便接二连三地从相关媒体流出，有的信息震撼度还相当惊人：如俄罗斯海军的第五代核潜艇研制时，将以第四代"亚森"级核潜艇项目为基础，采用完全创新性的设计理念，并加装了多项面向未来的高精尖武器，以获取

二、战略核潜艇的明天

停泊在港口的"亚森"级核潜艇

更加适应未来海战的隐身能力、机动能力和作战能力。

该级艇除了满足先进和优异的多项性能指标外，还能借助强大的水压进行鱼雷、无人潜航器和潜射无人机的发射和投放，具备在任意深度实现快速、隐蔽发射新式作战平台的打击能力。目前俄罗斯正在加快推进总体设计、新型导弹、隐身材料、隐身涂料等研制工作。

有懂行的专家说，"哈斯基"级核潜艇的最大设计特点是"一级二型"，但若从最新发展角度来说，应该是"一级三型"。也就是说，通常包涵有基于通用化艇艏和艇艉开发"攻击型"和"巡航导弹型"两型，根据未来需要还可增加中间段后，变为弹道导弹核潜艇。具体来说，"攻击型"核潜艇不装配垂直发射装置，主要通过鱼雷发射管发射反舰导弹或鱼雷，执行反潜/反舰任务；"巡航导弹型"核潜艇将装配多用途垂直发射管，可搭载超高声速巡航导弹，执行反舰/对陆攻击任务。一旦条件成熟和任务需要，便可在通用型艏艉分段中间再加上一段垂直发射导弹装置舱室，使之"摇身变为"下一代弹道导弹核潜艇。

由于采用了那么多的先进技术，早在立项之初，俄罗斯海军就曾赋予"哈斯基"级核潜艇以反舰、反潜、对陆攻击、特种作战等几乎"无所不能"的作战使命任务，因此它一旦问世，便将是真正意义上的"最多用途"核潜艇。

其实该核潜艇不仅采用当今许多世界一流核潜艇的最新发展理念，而且也在多方面一反苏（俄）在核潜艇设计与建造上的"傻、大、笨、粗"的原有传统，而是采用较小排水量、单壳体结构和艏艉通用化等令人耳目

二、战略核潜艇的明天

俄罗斯第五代多用途核潜艇"哈斯基"级的 3D 效果图

一新的设计,且搭载多种新型高超声速巡航导弹和无人作战系统。"哈斯基"级核潜艇排水量约 6000 吨,就连"亚森"级核潜艇 1.38 万吨一半都不到。为使结构更为紧凑、体积明显缩小,该级核潜艇采用与俄罗斯海军绝大多数核潜艇截然不同的单壳体结构,仅此一项就使它的体积和重量较同吨位双壳体核潜艇减少了 1/3 以上。加上该级艇采用了体积更小、功率更大的液体金属冷却反应堆,使得"哈斯基"

海底"核幽灵"

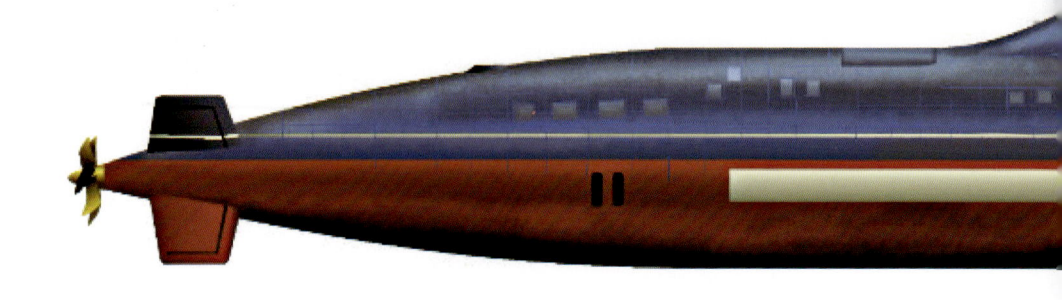

HUSKY Class SSN
PROVISIONAL

级核潜艇拥有更高航速、更长航程,以及更强的机动性。

"哈斯基"级核潜艇还有一个令对手极为恐惧的绝招:将装备"锆石"高超音速巡航导弹,它的最大射程将达到400千米,飞行速度达6马赫(也就是声音速度的6倍),打击效率是"花岗岩"型或"玛瑙"型导弹的3~4倍,最大毁坏、穿透厚度可达15米,远超大名鼎鼎的"布拉莫斯"和"宝石"反舰导弹的各项指标。长期以来,俄罗斯海军一直无法突破美国航母打击群强大的防空反导系统,甚至曾一度在第四代核潜艇中放弃发展巡航导弹核潜艇。

"锆石"超高声速巡航导弹研制的重大突破,使俄罗斯重新具备了对美国航母打击群实施远程精确打击的强悍威力,并促使俄罗斯进一步加快推进第五代核潜艇研制,进而建设一支高效费比的核潜艇编队,实现强大的非对称、

二、战略核潜艇的明天

"哈斯基"级核潜艇的另一种模拟效果图，该图显示的潜艇外观显得更为科幻

非核遏制力量的可能。"锆石"超高声速巡航导弹已于2016年3月通过陆基发射装置成功完成首次试射，预计将于2018年晚些时候进入批量生产。为此，"哈斯基"级核潜艇将可能成为世界上首艘装备高超声速巡航导弹的核潜艇，从而将对以美国为首的西方国家重点战略目标和大型航空母舰形成极大打击力和威慑力。

此外，"哈斯基"级核潜艇还将在武器系统中"嵌入"多种无人作战系统，强化核潜艇的整体综合作战能力。其中，潜射无人机主要用来执行特种作战任务，而无人潜航器则可执行两类任务：一类是搭载各种仪器成为水下机动部署的水声监测系统，将获得的信息通过卫星快捷传输到指挥控制站；另一类是搭载新型鱼雷对敌进行攻击。在执行水下作战任务的过程中，无人潜航器和潜射无人机既可实现跨域有效协同，也可充分拓展潜艇执行任务的多样性。

当然，"哈斯基"级核潜艇的最神奇之处在于，将采用隐身技术和运用手段，研发出多种最新型的声隐身材料，应用于艇体涂层、水平舵、方向舵、螺旋桨等部位。这种声隐身材料为轻质多层复合材料，具有较高的内部损耗因子，可显著降低潜艇对声呐信号的反射，实现有效减振降噪的目的。而且它们的耐腐蚀性好，在整个服役过程中无须再次涂覆，从而大幅减少运行维护成本。通过多项隐身技术的综合运用，使得"哈斯基"级核潜艇的噪音水平达到世界一流，要远小于108分贝。

从最新的进展来看，虽然俄罗斯海军雄心勃勃："哈斯基"级核潜艇设计被定于2018年之前完成，2020年后建造首艇。但与此同时，俄罗斯15艘第四代核潜艇中，尚有11艘改进型在建或待建。事实表明，至少目前，俄罗斯海军第四代核潜艇仍将面临建造方面的较大压力。以俄罗斯现有核潜艇工业发展能

二、战略核潜艇的明天

俄罗斯"锆石"超高声速巡航导弹的模拟图

力,是否能同时保证第四代和第五代核潜艇的研制和建造进度,是否能保证彼此间有效的衔接,恐怕仍将是一个未知数。

113

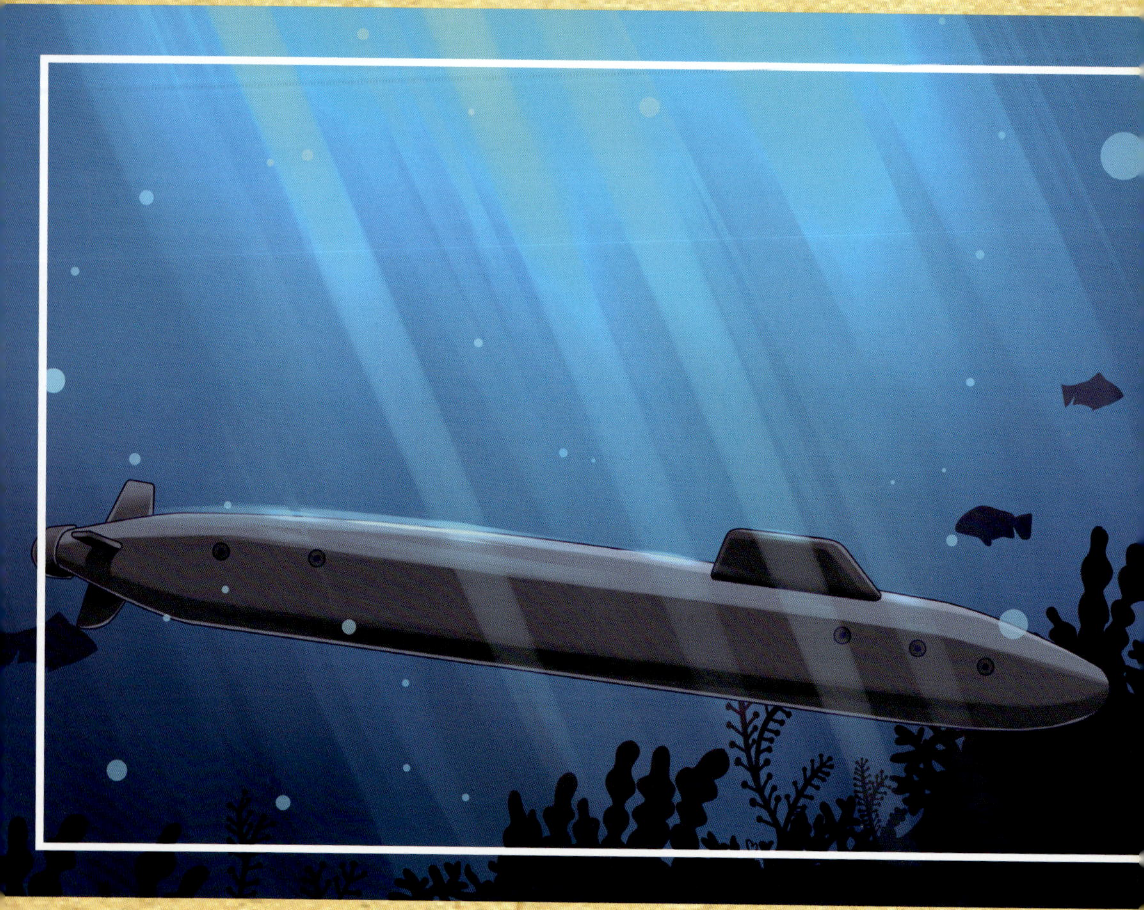

空前绝后的英国"继承者"级

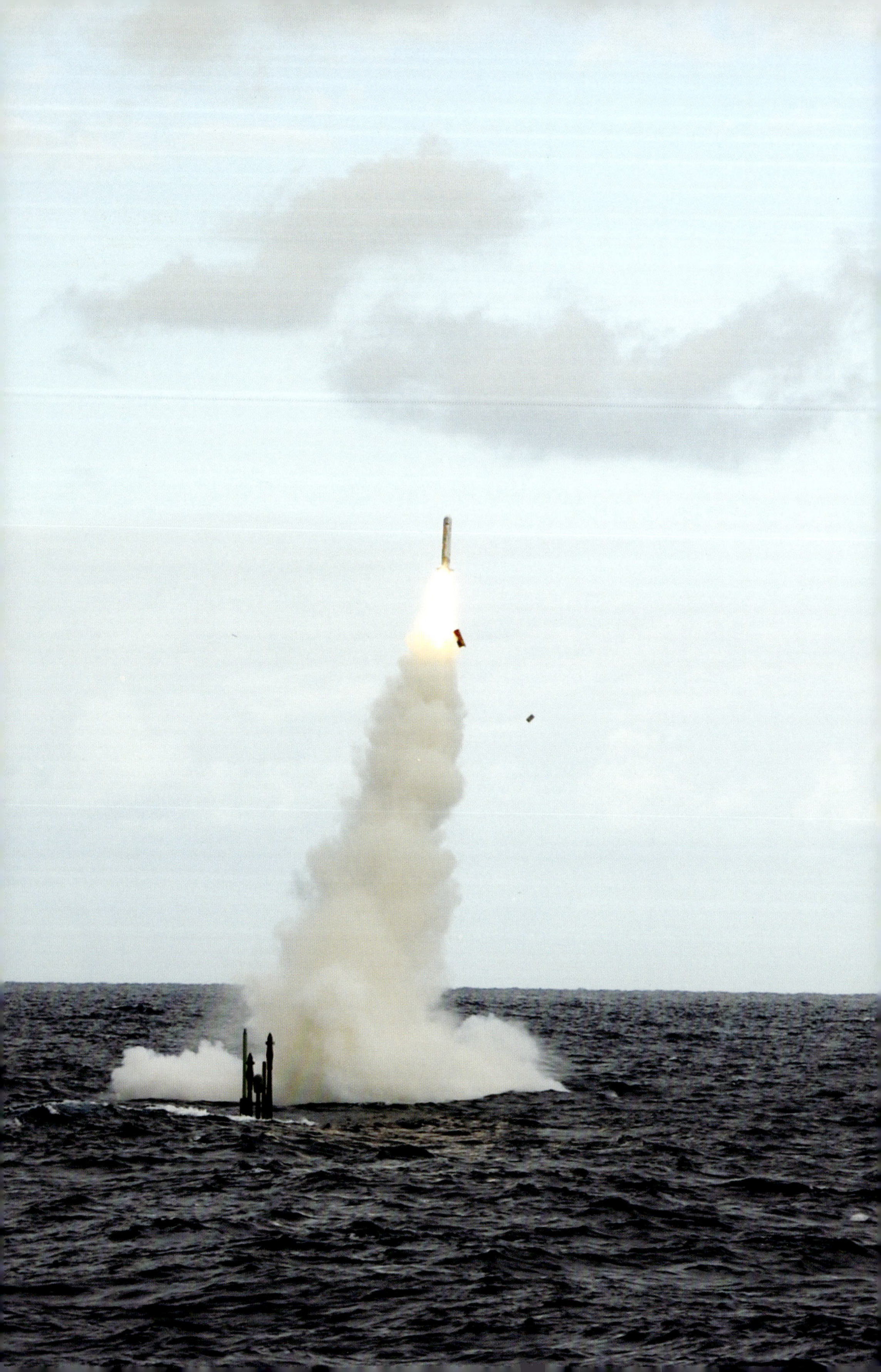

二、战略核潜艇的明天

2016年7月，英国议会已面临着军费减少的状况，却仍毅然决然批准了新建4艘新一代"继承者"级战略核潜艇的研制议案，并决定由其取代当下正在服役的4艘"前卫"级战略核潜艇。

实际上，早在2006年时，英国即考虑升级水下战略核力量的整体性能，如何才能进一步得以提高？但先后历经整整十年，才最终拍板决定上马这一身型巨大、性能相当出色的"继承者"战略核潜艇。不过为减小项目风险，已被"机敏"级攻击型核潜艇验证过的技术，将在"继承者"级战略核潜艇上多个领域得以推广和应用。

为了保证研制与建造工作顺利进行，英国议会和国防部特地做出多项决议，集中到一点就是：作为目前英国水下核威慑和核打击力量的"前卫"

正在发射潜射导弹的"机敏"级攻击型核潜艇

级战略核潜艇，恐怕在不久的将来均要陆续退出历史舞台。2011年，英国公布了一项"初始门决议"，包括"继承者"级核潜艇内部设计的一些细节。例如采用新的PWR-3压水式反应堆，以及安装3个通用导弹舱，每一导弹舱含有4个发射管（而《2010防务和安全策略评估》中曾决定"继承者"级仅安装8枚三叉戟D5型导弹）。但是由于国防部最终坚持原设计，也就是必须在新潜艇上安装12根垂直导弹发射管的通用导弹舱，形成了最终方案。一来因为系统设计依赖于通用导弹舱的固有形态；二来反映了英国也希望照搬美国通用导弹舱标准的意愿。

2013年12月16日，英国国防部正式签署了第一个"继承者"级核潜艇长期提前采购项目合同。与此同时，还展示了纳入英国皇家海军计划的新一代弹道导弹核潜艇的图片。随之公布的还有两份与美国承包商签订的有关"继承者"级核潜艇项目的英国BAE系统公司的合同。这两份合同的标价分别为4700万英镑和3200万英镑，总价值达7900万英镑，约合1.29亿美元，是"继承者"级第一个提前采购合同。合同内容涵盖了铸造、锻造、机构件配件、电子设备和二级推进装置等方面。此外还有多份相关附加合同，包括一份价值5200万英镑，未来用于生产舰艇核动力部件的合同，以及一份价值3100万英镑，用于潜艇导弹发射管的长期提前采购设备的合同。

仅仅一个月之后，英国国防部便对外公布了"继承者"

二、战略核潜艇的明天

"继承者"级核潜艇的模拟效果图

级战略核潜艇的效果图,"继承者"级核潜艇在船体结构和船体操控上实现了创新。其中最显著的设计特点是:X形尾舵装置和位于水线下的首水平舵,以及大倾斜角度的螺旋桨设计。另外,该艇还有一个极其突出的设计特点:潜艇船体的艏部曲线沿着船体纵向轴线伸展。英国 BAE 系统公司正处在"继承者"级核潜艇五年设计开发计划的第三年阶段,而最终拍板定案是在 2016 年。

2015 年,英国国防部向 BAE 系统公司拨出了用于"继承者"级核潜艇 2.57 亿英镑的详细设计费,其中巴布柯克和劳斯莱斯公司分别获得 2200 万和 600 万英镑。"继承者"

海底"核幽灵"

级核潜艇的具体设计工作主要由 BAE 系统公司、巴布柯克公司和劳斯莱斯公司三家公司具体负责,而它的建造工作则主要由英国的巴罗因弗内斯和坎布里亚郡的潜艇制造工业基地完成。当然还包括英国其他地方的几家制造基地,例如德比的雷尼斯维工厂和布里斯托尔也将参与完成部分工作。同年 3 月,英国又向本国潜艇工业部门追加投资 2.85 亿英镑,用于"继承者"级核潜艇,这项投资是现有该级核潜艇项目 33 亿英镑投资中的一部分。

为了顺利地完成建造新一代弹道导弹核潜艇任务,英国政府还提前对新潜艇的建造、组装的相关厂家和物流设施进行升级或翻新。例如向英国宇航系统公司位于巴罗弗内斯的船厂投资约 4.985 亿美元,进行工厂设施升级,以加快和完善今后对水面舰船建造。但英国政府选择把资金投入到该国唯一的核潜艇建造工厂。当然,"继承者"级核潜艇项目投资也包括在英国国防部未来 10 年购置武器装备和保障 1630 亿英镑的预算之内。

"特拉法尔加日"不仅是英国皇家海军极其重要的节日,而且对于英国整个国家来说,也是一个值得纪念的日子。1805 年 10 月 21 日,英国与法西联合舰队在西班牙特拉法尔加角外海面相遇,战斗整整持续了 5 个小时,具有传奇色彩的英国海军中将纳尔逊由于指挥得当,加之英军战术及训练皆胜一筹,结果使得法西联合舰队遭受决定性打击,主帅维尔纳夫被擒,21 艘战舰被俘。不过英军主帅霍雷肖·纳

二、战略核潜艇的明天

享誉全球的英国海军名将霍雷肖·纳尔逊的肖像

尔逊海军中将也在战斗中阵亡。此役之后，法西两国海军精锐尽丧，从此一蹶不振，而英国海上霸主的地位得以巩固。为纪念这个隆重的日子，2016年10月21日，英国国防部长迈克·法伦宣布，"继承者"级战略核潜艇首舰命名为"无畏"号。

说起"无畏"号舰艇，在英国可谓大名鼎鼎！一定意

121

海底"核幽灵"

1906年服役的英国战列舰"无畏"号开创了"无畏舰"的新时代

二、战略核潜艇的明天

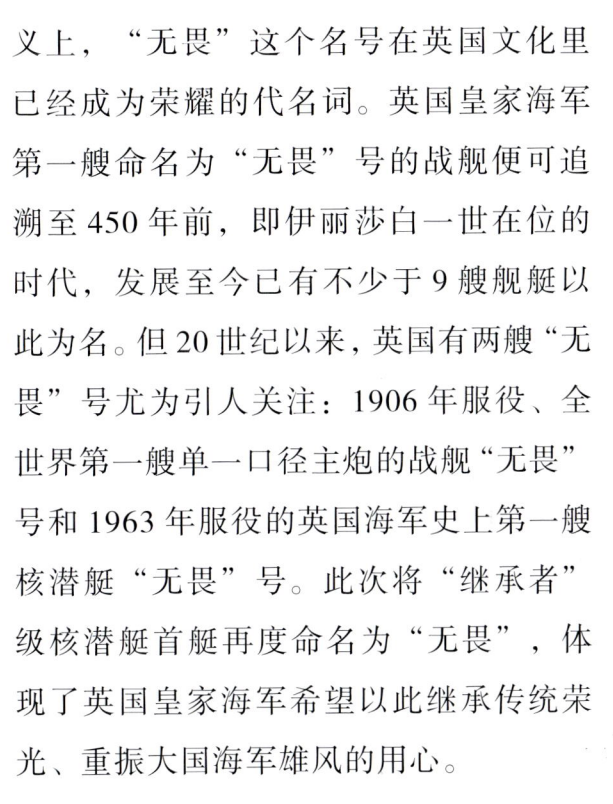

义上,"无畏"这个名号在英国文化里已经成为荣耀的代名词。英国皇家海军第一艘命名为"无畏"号的战舰便可追溯至450年前,即伊丽莎白一世在位的时代,发展至今已有不少于9艘舰艇以此为名。但20世纪以来,英国有两艘"无畏"号尤为引人关注:1906年服役、全世界第一艘单一口径主炮的战舰"无畏"号和1963年服役的英国海军史上第一艘核潜艇"无畏"号。此次将"继承者"级核潜艇首艇再度命名为"无畏",体现了英国皇家海军希望以此继承传统荣光、重振大国海军雄风的用心。

"继承者"级首批和"前卫"级一样,也只计划建造4艘。按照英国皇家海军的战略核潜艇管理机制,拥有4艘战略核潜艇就可保证始终有一艘携带潜射弹道导弹核潜艇在海上进行战备巡逻,达到实施水下核威慑的战略目的。

"继承者"是英国皇家海军现役战略核潜艇"前卫"级的"高配版"。为此,英国国防部在该级核潜艇的设计阶段,就将耗资59亿美元,据英国防部公布的

123

项目预算，折合设计和建造费用，并为后续建造4艘拨款470亿美元。据英国防部公布的项目预算，如再折合设计和建造费用，该级核潜艇单艇造价达130亿英镑。

作为英国2030~2050年应对安全威胁的主要武器装备，"继承者"级核潜艇排水量为17200吨，艇长152.9米，采用PWR-3型压水反应堆。在继承了英国皇家海军"优良血统"的同时，"继承者"级战略核潜艇性能得以明显"进化"。它的艇体采用渐平式单一曲率设计，在保证经济性的同时，突出了维修性。X形尾舵、帆罩设计和龙骨沿纵轴线明显弯曲，可以有效减小潜艇航行中海浪对艇体的阻力，隐身性能也得以大幅提升。可以说，这些举措既有利于提升隐身性，又增加了机动性，从而使潜艇战斗力成倍提升。

"继承者"级艇上搭载了12枚"三叉戟Ⅱ D5"潜射洲际导弹，相比"前卫"级核潜艇的16枚，看似弹道导弹数量有所减少，战斗力似乎有所退化，不过实际上12枚弹道导弹足以应对可以预见的任何一场危机。在减少导弹搭载数量的同时，因增加了排水量，拓宽了艇员的生活空间，例如在该级第一艘"无畏"号艇内女性专用住舱和洗手间等一应俱全，同时还配备了跑步机等健身器材，所以使得总体战斗力得以大幅提升。

尤为值得一提的是，"继承者"级计划采用多功能广谱声呐阵列技术。近年来，英国皇家海军"机敏"级攻击核潜艇接连发生搁浅、碰撞等事故，其中声呐的技术性能

二、战略核潜艇的明天

从背后视角来看的"继承者"级核潜艇的效果图。该艇的 12 部"三叉戟 II D5"潜射洲际导弹发射装置清晰可见

和使用方法较为落后是重要原因。多功能广谱声呐阵列技术的使用，将使"继承者"明显提高生存能力，进一步降低危险事故。

按照计划，"无畏"号核潜艇于 2028 年正式服役后，只要资金充足到位，必然引领后续 3 艘姊妹艇陆续建成以及不断改进提高。

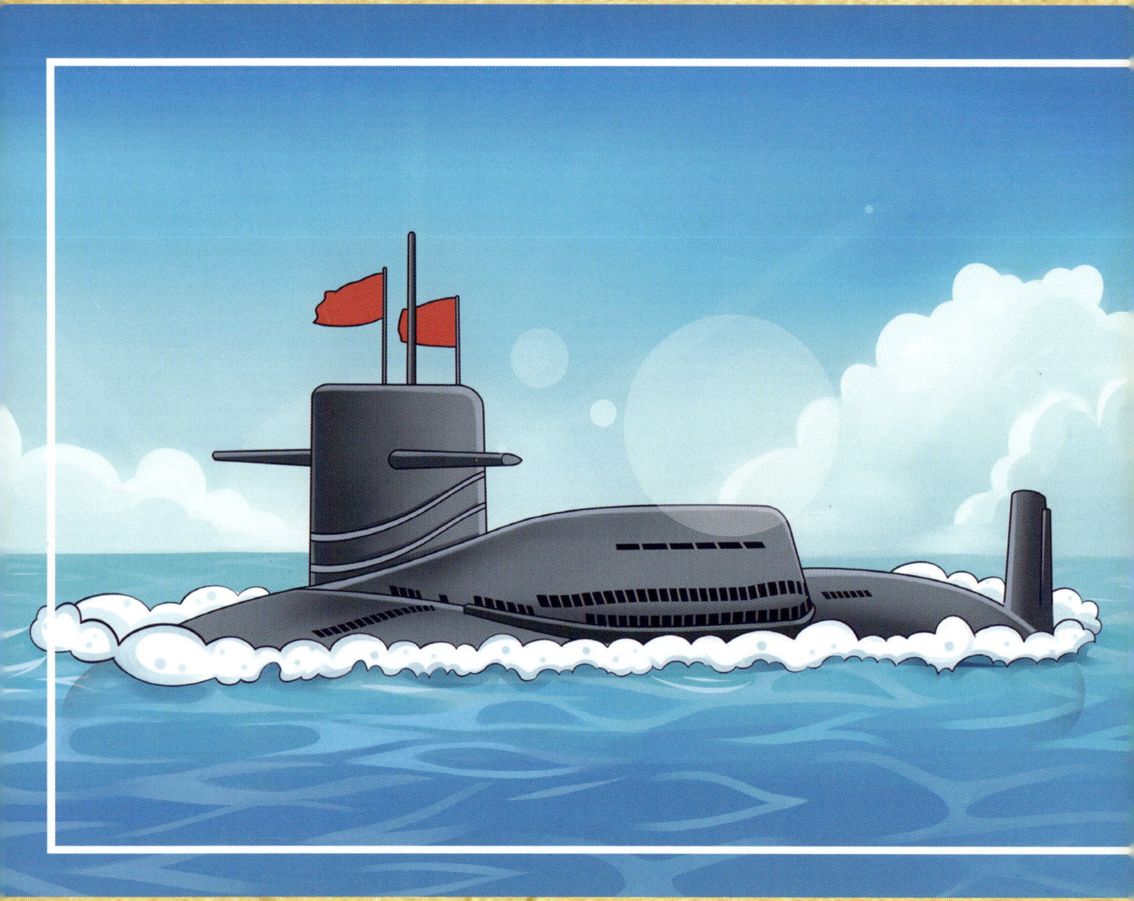

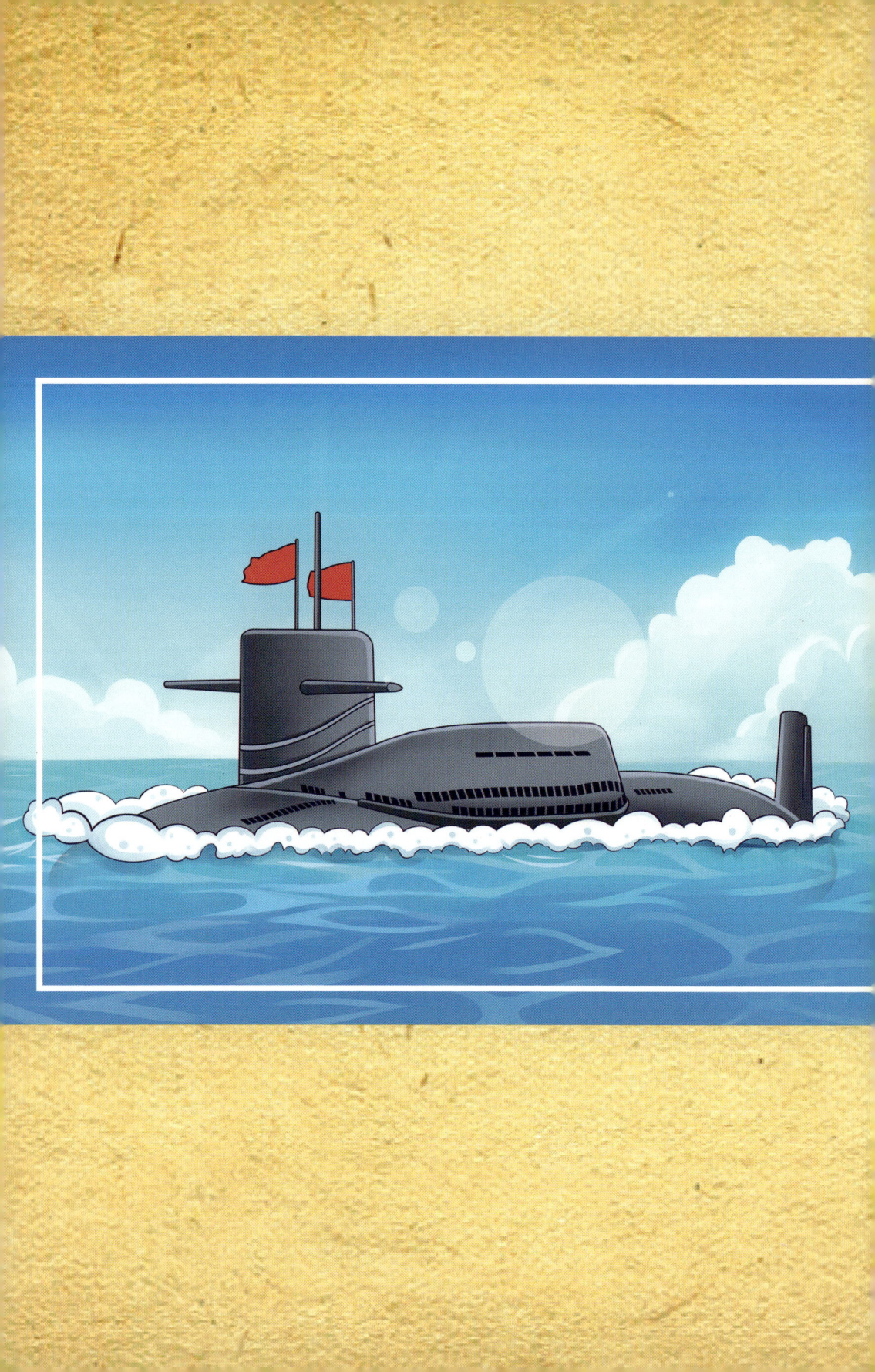

中国将跻身世界一流核潜艇国家之列

海底"核幽灵"

正在进行水下发射的"巨浪-2"洲际弹道导弹

2007年3月，对于中国海军来说是一个极其不平凡的月份。这个月的月初，据法新社等国外多家媒体广泛报道，中国094型核潜艇最早可在2008年服役，"可以为中国提

二、战略核潜艇的明天

供现代化和强大的海基核威慑力量"。而到了该月月中，不少国外媒体大量引述美国情报机构的话称，中国已在近海水域测试了"巨浪-2"洲际弹道导弹，射程达到8000千米以上，"这标志着中国将具备二次水下核打击能力"。没过几天，也就是在这个月的月底，美国"战略版面"网站上再次出现了中国094型核潜艇试航的消息。

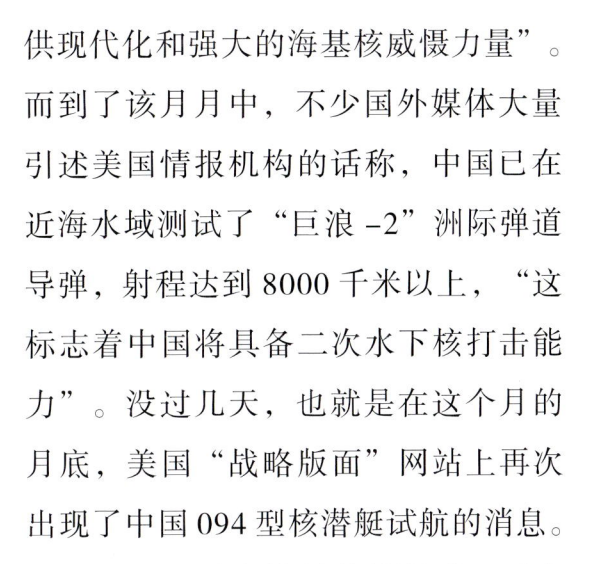

这一系列连篇累牍的报道，引来了世界各国政府与国防部门关于中国二次核打击能力的高度关注。2009年，中国战略和攻击型核潜艇在海军成立60周年海上阅兵中首次公开亮相。这支部队先后创造了核潜艇一次长航时间、大深度极限深潜等多项世界纪录。到2013年为止，作为一支重点建设的作战部队，某潜艇基地已初步具备了核威慑和核反击能力，成为中国坚不可摧的"水下盾牌"。

根据国外媒体报道，由于094型核潜艇性能不够先进，装载"巨浪-2"潜射导弹高大的龟背在潜航时受流体

海底"核幽灵"

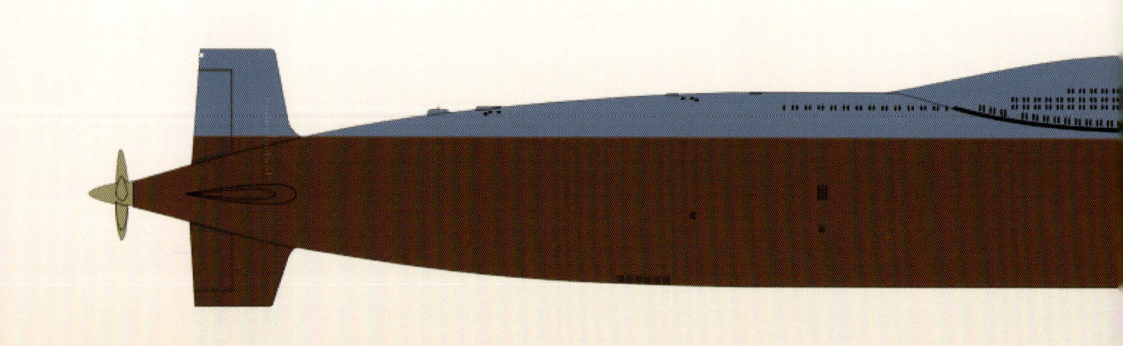

的影响，噪音大，远洋执行任务容易被美、日海军反潜声纳侦测发现，所以建造数量少。为了尽快摆脱这种不利的局面，近些年来，中国海军通过引进和消化吸收国外潜艇的先进技术，例如俄罗斯"基洛"级潜艇较为先进的静音技术，再加上我国自行研发的先进技术与应用手段，逐步尝试在最新核潜艇表面贴敷先进消音瓦，采用新一代核反应堆，使用主机降噪筏等技术，终于使得中国海军研制战略核潜艇变得更为先进。

毋庸讳言，先前服役的战略核潜艇所装设的弹道导弹由于长度太长，因此该潜艇只能背负着巨大的"龟背"形

二、战略核潜艇的明天

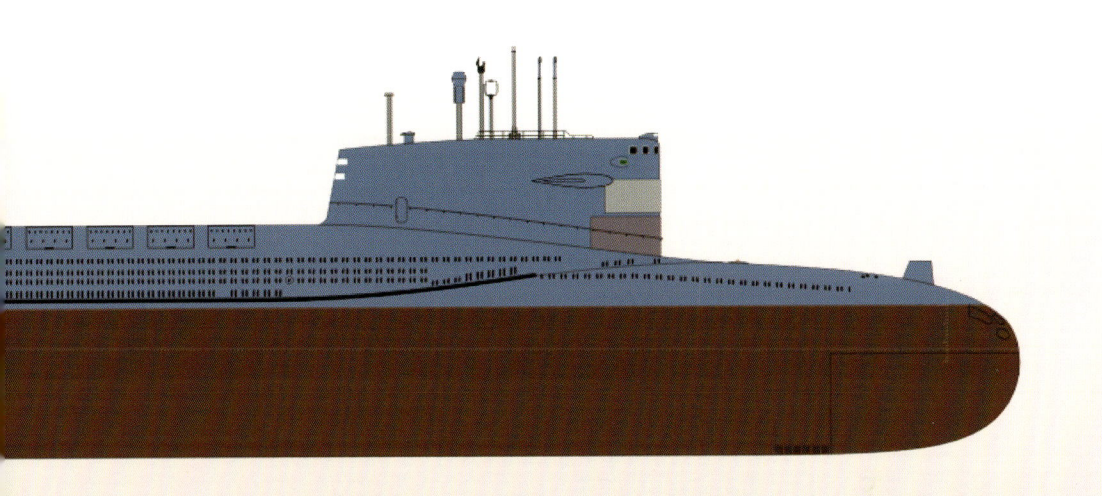

092型,也就是我们所熟知的"夏"级核潜艇的彩色侧视图

整流罩,这个整流罩整整高出核潜艇艇壳2米多。虽然大型整流罩解决了屏蔽"巨浪-2"导弹的发射筒问题,但巨大"龟背"带来了水流噪声问题,特别是在潜艇高速航行情况下,巨大的"龟背"将导致噪声水平增加15%,严重影响潜艇的安全性能。中国具备生产直径超过12米的单壳体耐压壳技术之后,原先困扰弹道导弹核潜艇的"龟背"问题随之迎刃而解了。

这样,大型潜射导弹发射筒就可以直接安放在艇体内,新型核潜艇不必再有巨大的"龟背"形一体化整流罩。由此一来,非耐压上层建筑产生的水流噪声问题和众多排水

131

海底"核幽灵"

停泊在港口将潜射导弹发射口全部打开的094级核潜艇

二、战略核潜艇的明天

口影响水下航速的问题，都得到较为圆满的解决，也就使得新型核潜艇的整体外形与美国或俄罗斯的先进弹道导弹核潜艇高度相似。

094型核潜艇的彩色侧视图

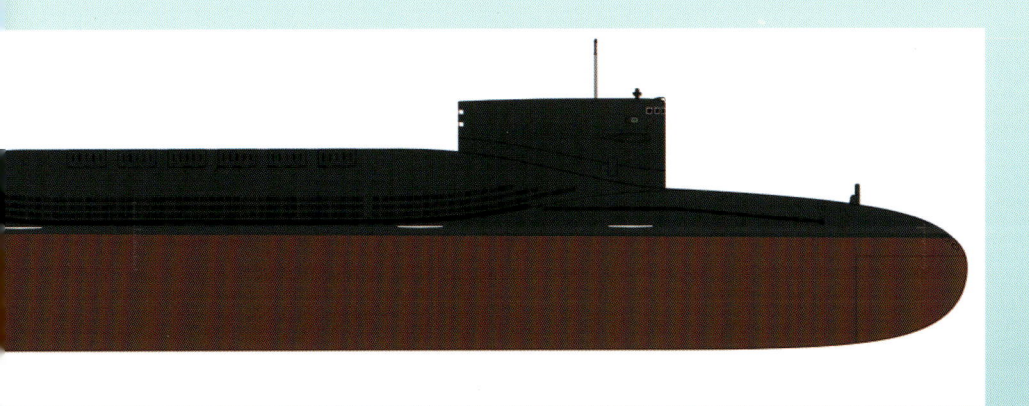

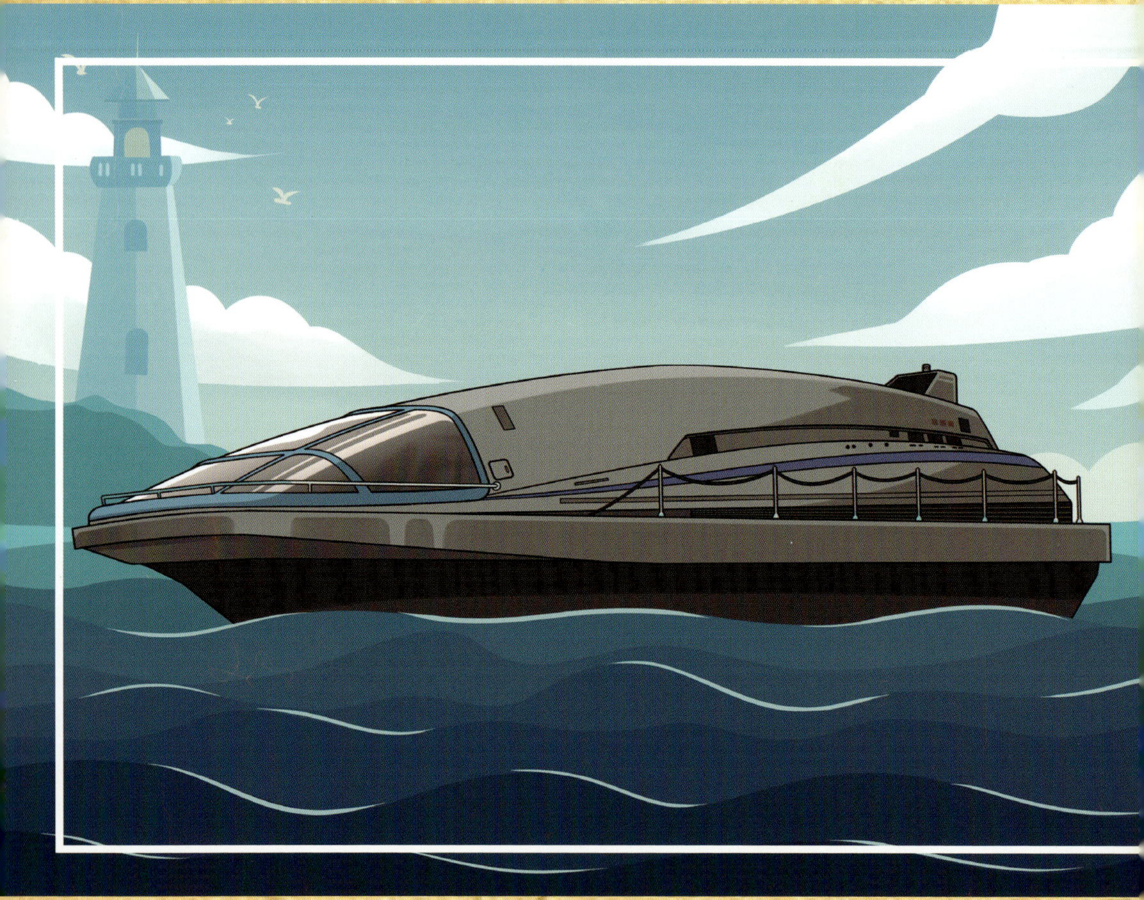

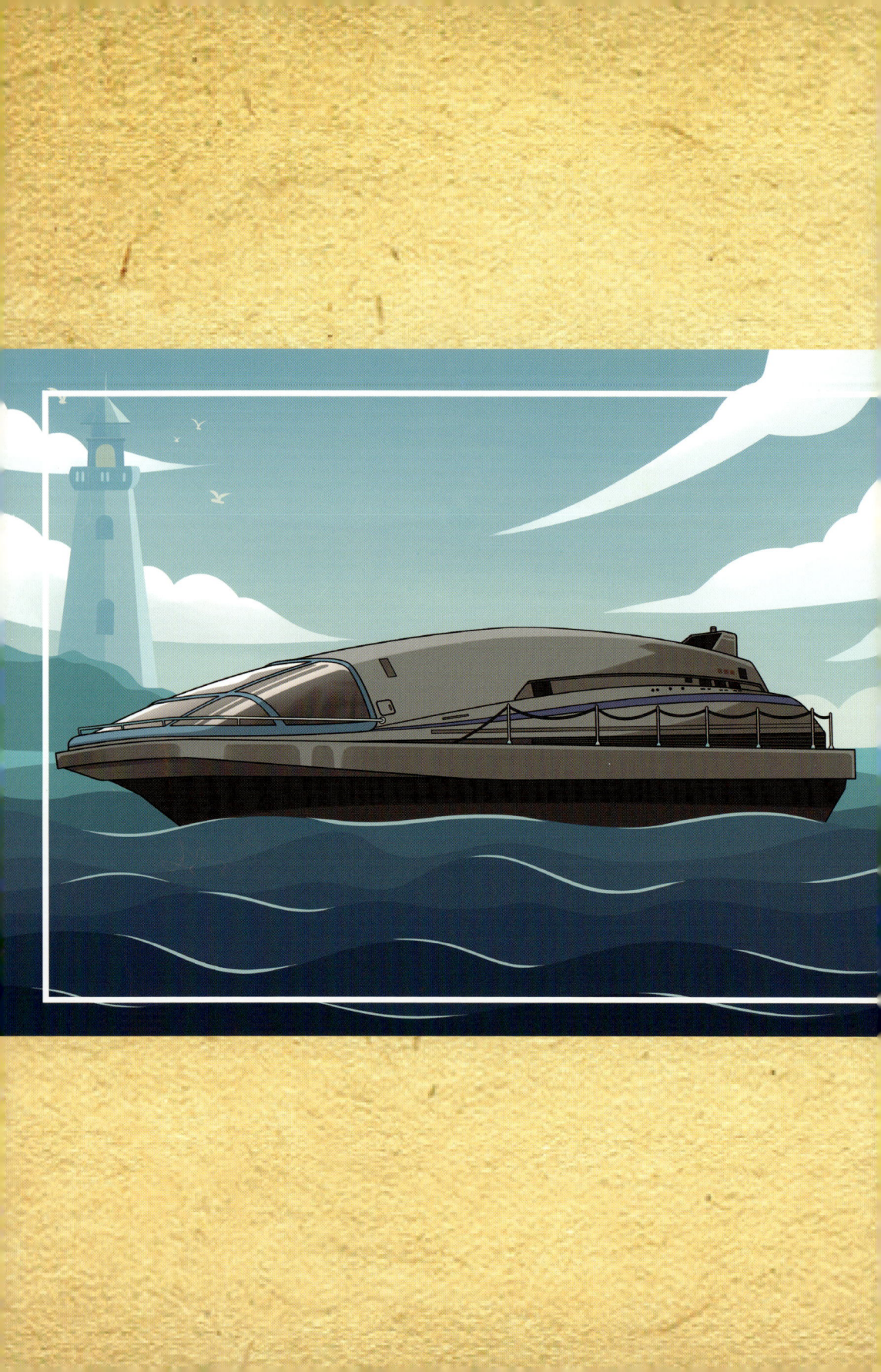

核潜艇将更新的"十八般技艺"

海底"核幽灵"

小朋友们，当前与今后一段时期，各核潜艇大国或强国将会把越来越多的高新技术应用到核潜艇上，使它们的各项性能指标都得到大幅度的提高，作战能力也将得到明显提升。但是由于这些武备技术含量高，且多属于世界最新前沿技术，因此介绍与描述起来，难免会有些难懂与深奥。不过我想等你们再长大一些后，随着学习的不断深入，知识能力不断增多，将会对这些技术和武器越来越感兴趣的！下面我就给大家介绍几个核潜艇上的关键技术、材料和武器等。

（一）潜艇钢材质量的高低，关乎到核潜艇的战术性能的优劣；而其外壳用钢的强度，更直接决定了它的下潜深度。一般来说，钢的材料越好，强度越高，下潜得就越深，因此它的隐蔽性也就越好，而隐蔽性对于潜艇来说是至关重要的。

近些年来，不少国家接连推出"超级钢"（也被称为"微晶钢"），这是一种超高强度、低合金含量的特种钢材，堪称人类钢铁制造史上的革命性突破。为什么各国要研制并采用"超级钢"？"超级钢"到底有何厉害之处？不妨来看一下世界各大强国所研制和生产的特种钢。例如美国曾研制生产出HY130型特种钢，它的屈服强度超过900MPa；日本也是生产特种钢的世界顶尖大国，其NS110型特种钢的屈服强度达到1080MPa；而俄罗斯的AK系列特种钢的高强度，甚至达到了1300MPa。

二、战略核潜艇的明天

有人会问：什么叫屈服强度？核潜艇为啥格外重视屈服强度？首先，我们必须清楚屈服强度是金属材料发生屈服现象时的屈服极限，也就是金属材料抵抗微量塑性变形的应力。通常对于无明显屈服的金属材料，我们规定以产生0.2%残余变形（也就是发生千分之二的变形）的应力值为其屈服极限。当外力作用大于这个极限值时，将会使零件永久失效，而无法恢复。例如低碳钢的屈服强度为207MPa，当外力作用大于这个极限时，零件将会产生永久变形；小于这个数值时，则零件还会恢复到原来的形状。

美、俄等国之所以能够建造具备大潜深度能力的潜艇，就是因为掌握了能建造较高屈服强度的"超级钢"，所以它们的核潜艇下潜深度都很大。例如美国的"海狼"级核潜艇和俄罗斯的"亚森"级核潜艇最大潜深达到了惊人的600米，法国的"凯旋"级核潜艇的最大深度为500米，而日本的"苍龙"级常规潜艇也能下潜到500米的深度。

（二）减振浮筏技术是一种可以全面降低核潜艇艇上机械噪声的高新技术。美国海军曾先后花费长达20余年时间秘密研制该项技术，终于在20世纪90年代初取得了突破性的成果，从而开辟了潜艇降噪的新途径。通常人们所说的"减振浮筏"，就是把潜艇内以主机为首的可能产生噪音的绝大多数设备安置在一个像筏形的基座上。一般来说，这个筏形基座由减振橡胶或双弹性材料制成，筏形基座与潜艇的艇体也不再是刚性连接，而是采用了柔性连接方式。

海底"核幽灵"

航行中的美国"海狼"级核潜艇

二、战略核潜艇的明天

与主机相连的各种管道和电缆等，均采用波纹管或缓动件，桨轴与主机之间则采用弹性连接，再加上主机外壳覆盖的隔音层，主机及其他设备的工作噪音的绝大部分就不会再通过基座传到潜艇艇体上，从而使得潜艇向周围海水辐射出去的噪音也将大幅度降低。据称，采用减振浮筏技术可使潜艇的机械噪声降低20~30分贝。美军最新型的"海狼"级攻击型核潜艇及英国的"特拉法尔加"级攻击型核潜艇，都采用了减振浮筏技术。

（三）电磁流体推进技术是一种全新的推进器技术，对于核潜艇来说意义特别重大。它与传统机械传动类推进器不同，电磁流体推进技术使用电磁力，无须配备螺旋桨桨叶、齿轮传动机构和轴泵等，可使潜艇几乎在绝对安静的状态下以极高的航速航行，理论上它的航速可达150节。

电磁流体推进技术是利用磁流体原理，在贯通海水的通道内建有一个磁场，这个磁场能对导电的海水产生电磁力作用，使之在通道内运动。即在潜艇上安装电磁铁，通电后，海水中就会有磁力线，同时产生方向与磁力垂直的电流，在磁场和电流相互作用下，由于潜艇与海水之间产生大小相等方向相反的反作用力，潜艇将获得向前运动的推力，推力的大小与磁场强度和电流大小的乘积成正比。

目前，磁流体推进技术已在一些国家获得应用，但它的磁场所产生的推力大小，还不足以满足潜艇的要求，而超导技术正是解决这一问题的关键。一艘超导磁流体潜艇将配备6个以上的磁流体推进器，它们相互之间是独立的，可任意改变其中某几个推进器的电流方向和强度，即可改变潜艇的航行状态，实现快速左转、右转、上浮和下沉，可做到游刃有余，变化多端，比传统潜艇灵活得多。

二、战略核潜艇的明天

退役前夕的英国"特拉法尔加"级攻击型核潜艇

　　自20世纪70年代起,美、俄、英、日等国便纷纷开展超导技术在海军舰艇方面的应用研究。随着新型超导材料的出现,实际应用变为可能。与传统机械转动类推进器

141

(譬如螺旋桨、水泵喷水推进器等)相比较,磁流体推进器的不同点在于前者使用机械动力作为推力,而后者使用电磁力。20世纪80年代末90年代初,西方和日本曾大力推进磁流体推进研究。其中最著名的MHD驱动船——日本Yamato-1,在1992测试中取得了最高航速8节的成绩。尽管MHD驱动船早期研究目的就是用作军用潜艇,但该项目最后却没有继续下去,其中一个原因可能是在力图产生足够强大的电磁场时,遇到极大的困难。

(四)如今,越来越多的人所说的"不用螺旋桨"技术,并不是所谓的"磁流体推进"技术,而是"无轴泵喷推进器"技术。这项技术也是近些年世界各海军强国竞相开发的新型推进技术,它要比"有轴泵喷推进器"整整先进一代。目前,英、美等国海军最先进的核潜艇上,配装的推进装置均是"有轴泵喷推进器"。

令人振奋的是,2017年5月30日,电视台播发了一篇专题报道称,中国工程院院士、中国武汉海军工程大学马伟明少将所率领的团队研制出"潜艇用无轴泵喷推进器",在技术上领先美国十年。该报道清晰地表明,中国下一代核潜艇将用上中国自主研发的"无轴泵喷推进器"。

众所周知,潜艇按所用动力装置可分为:常规动力潜艇与核动力潜艇两大类;若按所用推进装置可分为:螺旋桨推进器潜艇与泵喷推进器潜艇两大类。

大量的水下实践充分证明:潜艇的推进装置是潜艇上

二、战略核潜艇的明天

日本建造的磁流体推进船"Yamato-1"号

的一个主要噪声源。潜艇水下用螺旋桨推进时，由于叶片振动及空泡的存在，会产生很大噪声。这种噪声辐射到海水中后，容易被敌方各种平台的反潜声呐捕捉到。为降低潜艇推进螺旋桨的运行噪声，人们想了很多办法，其中一种办法就是给潜艇配备七叶大侧斜螺旋桨。七叶大侧斜螺

143

海底"核幽灵"

旋桨，是一种噪声较低的推进装置。为此，潜艇采用七叶大侧斜推进螺旋桨在很长一段时间内曾是各国海军潜艇是否先进的一个重要标志。

但是从机械结构噪音根源的角度来分析，七叶大侧斜螺旋桨并不是一种完美的推进装置。于是科学家与工程师经过反复研制与试验，最终推出了一种比螺旋桨推进器更先进的潜艇用推进装置——泵喷推进器，即在螺旋桨外面罩上一个隔音隔振的导流罩，从而达成进一步降低螺旋桨运行噪声的效果。这种包裹在一个环形导流罩内的泵喷推进器，不仅可以大幅提高推进效率，而且辐射出的噪声要比七叶大侧斜螺旋桨低很多。换句话说，泵喷推进器的运行噪声，比螺旋桨推进器的运行噪声更小、推进效率更高，且技术上也更先进。

英国是世界上最早在潜艇上使用泵喷推进器的国家。紧步其后尘的美国人，也为自己的核潜艇开发了泵喷推进器。目前，英国的"特拉法加"级、"机敏"级，以及美国"海狼"级、"弗吉尼亚"级等先进攻击核潜艇上，都采用了泵喷推进器。

二、战略核潜艇的明天

航行中的美国"弗吉尼亚"级攻击核潜艇

海底"核幽灵"

"无轴泵喷推进器"外观图

　　美国正在规划中的下一代战略导弹核潜艇"哥伦比亚"级，也决定要使用泵喷推进器。

　　时至今日，因受时代与技术条件的限制，欧美国家所有先进核潜艇使用的"泵喷推进器"都是"有轴泵喷推进器"。在结构上，"有轴泵喷推进器"由固定不动的环形导流罩与其内的螺旋桨两部分组成。螺旋桨的作用是驱动海水从导流罩内部流过，从而产生推力。但是螺旋桨仍是由一根来自潜艇耐压壳内的传动轴驱动的，这根传动轴，一头连着潜艇艇内的蒸汽轮机或电动机，另一头连着螺旋桨的中心轴。采用"有轴泵喷推进器"的潜艇，仍有贯穿艇体耐压壳的传动轴系存在。也就是说，潜艇在航行时，这个传动轴系与艇体、传动轴系与泵喷推进器之间，会相互影响而产生可暴露潜艇行踪的噪声。

稍微懂得电动机常识的人都知道，电动机是由定子与转子两大部分构成。但在"无轴泵喷推进器"中，电动机的定子被集成在环形导流罩中，与环形导流罩合二为一了；电动机的转子则与导流罩内的推进桨叶融为一体了。即在"无轴泵喷推进器"中，其推进桨叶是直接由安装在导流罩内的电动机驱动的，而不是由来自艇体内发动机或电动机的驱动轴驱动。

"有轴泵喷推进器"的推进桨叶由中心轴驱动；而"无轴泵喷推进器"的推进桨叶则由导流罩内的电动机从四周驱动，不再存在中心轴。如果潜艇配置了"无轴泵喷推进器"后，其推进器与潜艇耐压壳内的汽轮机或电动机之间，不再有复杂的机械轴系联系。问题的关键在于，"无轴泵喷推进器"中，驱动泵喷推进器的电机、推进桨叶、环形导流罩已被集成到一起了，或者说成为一体化了。

"无轴泵喷推进器"与艇体耐压壳内的动力装置，只存在电缆联系。电缆负责将潜艇艇体内的电力与控制信号，传送到"无轴泵喷推进器"上。此外,"无轴泵喷推进器"上配装的各种监控传感器收集的数据,也通过电缆回传到潜艇艇内,供潜艇操作人员决策用。

采用"无轴泵喷推进器"后,核潜艇将产生诸多的好处:一是由于没有"有轴泵喷推进器"上那根来自潜艇艇体内的主传动轴,因此它在运行时,就没有了主传动轴系所产生的噪声。二是由于"无轴泵喷推进器"是把电动机布置在艇体外部的环形导管上,所以能节省潜艇艇体舱内的宝贵空间。三是"无轴泵喷推进器"与艇体内部只通过电缆联系,布置可以非常灵活,既可以装在潜艇尾部正中轴线上,也可装在潜艇尾部两侧,还能设在潜艇的各种舵上,甚至可设置在潜艇艇体内,与潜艇融为一体。形象地说,即在潜艇艇体前后各开一个口子,在两个口子之间的导流管内,放置上"无轴泵喷推进器"。

实际上,舰船用"无轴泵喷推进技术",与民用电动汽车及电瓶车上使用的"无轴驱动技术"之间有着很深的渊源。常见的电瓶车及某些电动轿车中,就使用了"电动机直接驱动车轮技术",这种"电动机直接驱动车轮技术"就是一种"无轴驱动技术",通常在普通汽车上,其发动机产生的动力,需要通过变速箱与复杂的轴系作为中介,才能传递到车轮上,以驱动车轮转动。而使用这种驱动技术的电动轿车与电瓶车,则是由安装在车轮上与车轮已合为一体的电动机驱动的。装在车轮上的电动机与发动机之间只有电缆联系。

在"无轴泵喷推进器"的研制方面，中国起步稍晚于美国，但进步飞速。从目前的研制情况来看，在该项技术的研发上，中国已超越美国而处于全球领跑者地位。不过"无轴泵喷推进技术"要全面实现工程化应用并成功地应用到潜艇上去，还需要解决一系列技术难题。

首先，要解决舰船综合电力技术实用化的难题，因为无轴泵喷推进器的转子叶轮是使用大功率电动机驱动的。这些电动机一方面是耗电大户，另一方面因潜艇的航速变化范围较大，所以这些电动机工作时对电力的需求也是在随时变化的。潜艇需采用综合电力系统，才能对发动机提供的电力实施精确化调度，从而使"无轴泵喷推进器"在得到足够与持续的电力供应时，保证潜艇上其他设备与武器装备的用电也都可以得到满足。

对中国来说，这已不再是难题！现已完成第二代船舶综合电力系统——中压直流船舶综合电力系统的研发工作，该技术领先欧美一代。而目前英国45型驱逐舰、美国"福特"级航母上使用的是第一代船舶综合电力系统技术，即中压交流船舶综合电力系统技术。

其次，需研制出功率大、体积小、重量轻的驱动电机。排水量几千甚至上万吨的核潜艇，如果仅配装一台"无轴泵喷推进器"，那么这台推进器的可用功率，就得达到几万马力。这台推进器所用的电动机，在功率足够大的同时，

海底"核幽灵"

英国45型驱逐舰是目前英国海军综合作战能力最强的水面舰艇

二、战略核潜艇的明天

还必须具备体积小、重量轻特点，否则它根本装不进"无轴泵喷推进器"的环形导流管内。

再次，"无轴泵喷推进器"所用电动机要能在高盐、高湿、高腐蚀性的环境中长期工作。"无轴泵喷推进器"的内置电动机必须暴露在恶劣的海水环境中，以让海水流过电动机定子和转子之间的间隙，带走电动机所产生的热量，从而完成对电动机的冷却过程。所以电动机定子和转子的外壁，都需要采用特殊的防护设计。"无轴泵喷推进器"的导流罩对电动机起到机械防护作用，也需要专门设计。据报道，"无轴泵喷推进器"电动机防护设计难题，现已解决。

（五）中国的微型中子源反应堆技术领先世界。前两年，新华社的一条消息引起国内外轰动，中国已经成功突破了微型中子源反应堆和第四代核裂变反应堆的相关核心技术。这项技术，不仅打破了国外相关技术垄断，更重要的是，中国第四代核技术实现了完全自主攻关、自主掌握。

在很长一段时间内，微堆基本都使用武器级的高浓铀作为燃料。不过这种高浓度的燃料棒一旦流失，就可能造成核材料扩散的危险。基于所用燃料的特殊性，微堆在推广中一直受到限制。为此，国际原子能机构（IAEA）多次提出，希望微堆燃料采用低浓铀转化。微堆低浓化转化即以低浓铀燃料替代原有的高浓铀燃料。由于低浓铀堆芯的燃料芯体和包壳材料与之前的不同，其热工、物理性能等也均有较大不同，必须重新进行物理、热工和结构设计，且只能在原有小尺寸的堆芯空间内做出合理调整，设计难度大大增加。当然其中最难的是堆芯设计。

这种微型反应堆的堆芯由燃料元件、上下栅格板、控制棒等组成，具有极其鲜明的特点：一是功率低，大约为20千瓦；二是安全可靠，即便安设在大城市中心，也不存在发生事故的可能；三是操作简便、维修容易，可实现无人操作；四是临界质量小。

（六）加载上人工智能技术之后，核潜艇就"摇身一变"成为了核智能潜艇了。由于人工智能技术的融入，核潜艇在运作的时候，对于周边环境，以及作战信息的收集将会变得更精确、更全面。正是这些信息更全面化、更精准化，才使得指挥员在进行部署的时候，会有更多的抉择与依据，才有助于潜艇提高战斗力。

通常一项决定的发布，需要经过比较复杂和烦琐的过程，还要对深海的洋流、水温以及密度等附加条件进行计算，然后精确定位，最后规划鱼雷的发射路线或者躲避敌方的攻击。所以经过一系列的计算和规划之后，表明任务的发布在及时性上还不够到位。但是经过人工智能的优化，核潜艇就能够让潜艇从上述繁复的计算规划中脱离出来，可以更快速和准确地对鱼雷的路线有效规划和精确操作。

如此一来，进行操作的工作人员就可以不必再经过长时间的高强度工作后，才延时发布决策。也能避免艇上指挥员因为精神疲劳而做出不够准确的决策。核潜艇增加了人工智能化后，将会更进一步加强自己的作战能力，也能在最大程度上替代一部分指挥员的工作。

（七）拖曳线列阵声呐技术。装备拖曳线列阵将是潜艇提高水声探测水平的发展趋势。拖曳线列阵因为工作频率低、探测距离远，探测安静型目标仍具备技术优势和良好的发展前景。现在一些潜用战术拖曳阵，最低工作频率可达 10 赫兹左右，最大探测距离也可达 180 千米。虽然现代许多安静型潜艇通过诸多静音手段，有效地削弱了许多噪声的频率与强度，但受到当前减震降噪技术的限制，在较低频段上的潜艇噪音还是很难得到削弱。工作频率低的拖曳阵，可以在较远距离上，检测并跟踪现代安静型潜艇。而且窄带低频线谱还具有个体性，即每艘潜艇的低频线谱存在差异，利用这一特性，拖线阵对安静型潜艇进行远距探测和识别，也是一个重要的技术发展方向，将为核潜艇的反潜作战带来巨大的作战优势。

二、战略核潜艇的明天

搭载在船上的拖曳线列阵声呐

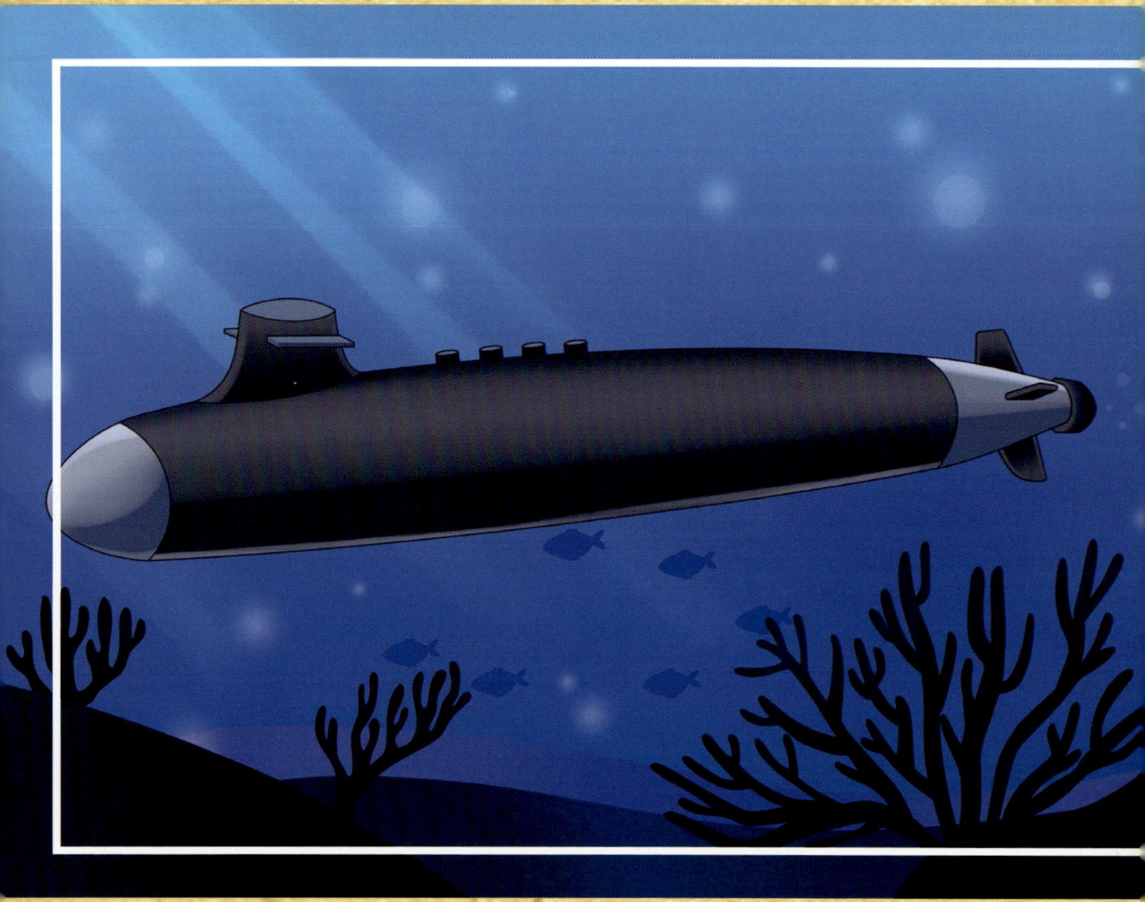

未来核潜艇将是什么样?

海底"核幽灵"

到这里，我们似乎已把核潜艇尤其是战略核潜艇的方方面面，乃至诸多小细节，都给小朋友们进行了非常详尽的介绍。我想，绝大部分同学可能都看懂了。不过，有些小朋友也许还会问：既然核潜艇这么厉害，那么它们将来还会如何发展？是不是更加厉害了呀？它们的发展主要体现在哪几个方面？

实际上，未来的核潜艇比起今天的核潜艇来，可以说在各个方面都将更优、更强，也更厉害。具体来说，主要浓缩为4个字："快、深、静、灵"。

"快"，就是核潜艇的水下航速将更快，能更快捷地完成追踪与躲避。航速快，作为核潜艇的重要战技术指标，具有极其重要的意义。航速快，不仅能够迅速地追击对方水下或水面目标，而且自己一旦遇到危险，可以便捷地规避对方的攻击,迅速地隐蔽,快捷地脱离战场。早在冷战时期,美、苏、英、法等国的核潜艇就曾拥有过相当高的水下航速。苏联海军的"帕帕"级（P级）核潜艇是世界上第一艘以钛合金作为艇体材料建造的潜艇，也是世界上第一种能够从水下发射导弹的巡航导弹核潜艇。该级核潜艇可以说是世界上航速最快的潜艇，最大设计水下航速42节，而实际上曾创造44.7节的水下航速纪录（相当于82.8千米/小时），这个核潜艇水下航速纪录至今未被打破。"帕帕"级潜艇水上排水量为5200吨，水下排水量为7000吨，全长为106.9米，宽11.6米，吃水8米，采用一台VM-5m型核反应堆（功率177.4兆瓦），

二、战略核潜艇的明天

水下设计最大航速为44.8节。

2006年，美国国防高级研究计划局与诺·格公司领导的一个工业团队一起开发一种潜艇，该种潜艇水下航行时速度非常快，能够达到100节。美国国防高级研究计划局曾授予了诺·格公司工业团队一份价值540万美元的合同，并进行该种高速潜艇采用超空泡技术的可行性研究。

"深"，就是核潜艇的下潜深度将更深，能更有效地隐蔽自己。下潜深度是核潜艇一项重要的战术技术要素。核潜艇下潜深度越大，自身就越安全，就越能隐蔽，能出其不意攻击对方。当需要规避对方的攻击，便可迅速下潜，利用对方潜艇无法潜得更深的优势，逃之夭夭。实际上，核潜艇加大潜深作用和功效是多方面的：一是可减少被反潜飞机上磁探仪发现的可能；二是可利用水面舰艇声呐在深海的盲区，避开水面舰艇的搜索与跟踪；三是可延缓螺旋桨空泡的出现，从而降低螺旋桨噪声；四是在遭敌深水炸弹攻击时，具有更长的机动时间，降低了潜艇被深水炸弹命中的可能；五是能够扩展潜艇坐沉海底的范围，以及具备经过反潜区的可能性。

20世纪50年代中期，为赶上美国当时在核潜艇技术和数量方面的双重优势，苏联核潜艇设计专家独辟蹊径，积极研讨运用钛合金建造攻击型核潜艇。用钛合金制造艇体，不仅能够大幅减轻排水量，而且其具有强度大、质量轻的明显优点，且更耐海水腐蚀。因而苏联曾建造一种史无前

海底"核幽灵"

例的全钛合金核潜艇——M级核潜艇。该级艇建造时采用了10多项全新技术，艇体由钛合金建造，采用双壳体构造，极限下潜深度达1250米，主要作战任务是搜索、跟踪和消灭敌核潜艇以及航母。

当今，各大国或强国的现役核潜艇的潜深大约为300~400米左右，最大潜深很少超过500米。随着今后核潜艇尤其是战略核潜艇更加受到个大国或强国政府和海军的重视，以及核潜艇设计建造的进一步发展，加之各种新型材料和工艺技术的增强与运用，未来的核潜艇下潜深度必将明显加大与提高，600~1000米将成为其普遍的下潜深度。

"静"，就是使自身变得更加安静，对方愈发难以探测。对于任何核潜艇来说，安静性、隐蔽性无疑是其生命线。已有越来越多的专家形成普遍共识，如果与下潜深度、航行速度、机动灵活等性能指标比较，核潜艇的安静性、隐蔽性，应该是最重要的。

二、战略核潜艇的明天

苏联保持水下航速纪录的"帕帕"级潜艇

海底"核幽灵"

俗话说,只有"最有效地隐蔽自己,才能最可靠地打击敌人"。

在影响核潜艇安静性、隐蔽性的各种"罪魁祸首"中,噪声应该是首当其冲和最主要的。为此,长期以来各国海军不遗余力地采取各种措施,拼命地降低噪声。如为了最大限度地降低水下噪声,特别是螺旋桨的搅动噪声,不少国家采用泵喷射技术和磁流体推进技术等。为了减少机械噪声,一些国家将动力装置安装在柔性基座上。为了既能大量吸收敌方主动声呐的探测回波,又能阻隔和降低本艇噪声的消声瓦技术。经过几十年的发展,各国核潜艇最大

二、战略核潜艇的明天

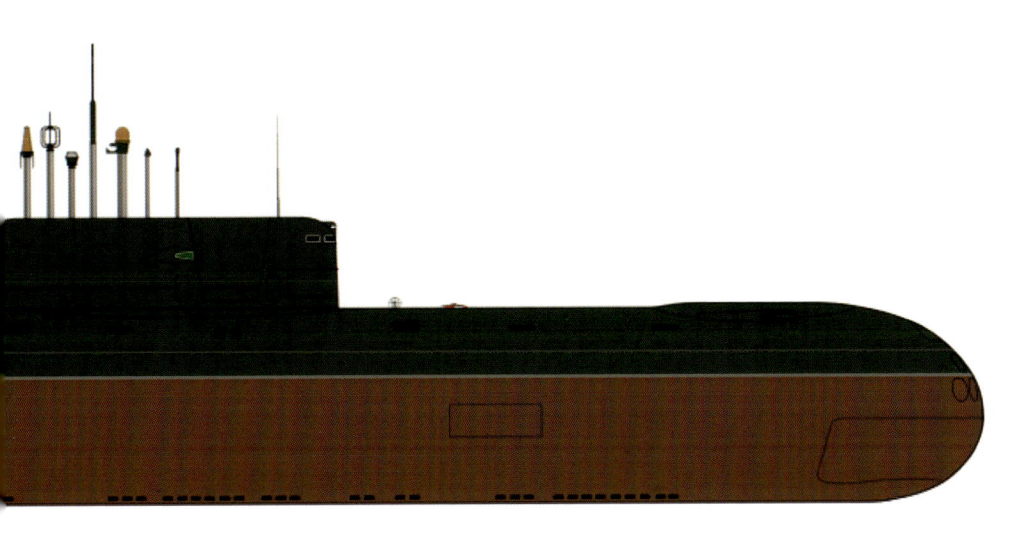

苏联曾经建造过的史无前例的全钛合金核潜艇——M 级核潜艇的彩色侧视图

噪声已由 20 世纪 50 年代的 150~170 分贝，普遍降低到目前 120 分贝以下，最先进的核潜艇甚至达到 100 分贝左右。例如"北风之神"噪音为 108 分贝，比美国"俄亥俄"级的 110 分贝还小。

大约于 2030 年前后服役的"哥伦比亚"级战略核潜艇在静音隐身方面又会有很大的改进，包括采用电力推进系统，省去了齿轮箱、推进轴这些部件，消降了潜艇的一大噪声源。在推进传动方面，"哥伦比亚"级也有较大的提高，它将采用泵喷推进来代替"俄亥俄"级的螺旋桨推进，以

海底"核幽灵"

系泊在码头等待拆毁的苏联最早的核潜艇"K-3"号。早期核潜艇的噪音问题在现今已经得到极大改善。

降低系统的噪声。在潜艇外壳体上仍将敷设隔声隐身的消声材料覆层，可大幅降低被主动声呐探测到的概率，性能优于传统的消声瓦。再加上使用新一代浮筏减振、吸声涂料等技术，有效地提高了"哥伦比亚"级战略核潜艇的静音能力。此外，哥伦比亚级战略核潜艇还首次采用了X形尾舵替代传统的十字形尾舵，从而简化了尾部结构，使潜艇的尾流更加流畅；同时也改善了水动力，降低了阻力以及提高了静音能力，被称为"当今最安静、最不容易被发现的战略核潜艇"。据有关专家推测，"哥伦比亚"级的最大噪声约在100分贝以下，从而大大增强了潜艇的生存能力。

"灵"，就是通过进一步信息化、电子化，变得更加"心明眼亮"。现代电子、信息、计算机等技术和设备的飞速发展，使得"耳朵"听得更深，"眼睛"看得更远，从而确保现代战略核潜艇和陆上、空中作战平台之间的沟通更加快捷、可靠和高效。各种陆上极低频对潜通信设施可以穿透100米的水下，向水下核潜艇发出指令；激光通信可达到300米。各种新型探测声呐层出涌现，最远可以探测到100海里外的噪声目标。战略核潜艇的核动力装置广泛地使用数字化技术，再配合先进的控制监测系统，实现了控制计算机化、自动化，使得全艇的数据处理、综合显示、操纵管理等均达到极其先进的水平。

当然，战略核潜艇的未来发展远不止上述几个方面，

海底"核幽灵"

还包括未来武器装备的打击威力与精度，核动力装置工作的安全可靠，等等。总之，未来的战略核潜艇，必将是"潜得更深、跑得更快、威力更猛，更加安静的水下核战舰"！

未来的潜艇将被全面提升为具备精确打击能力的高尖端武器

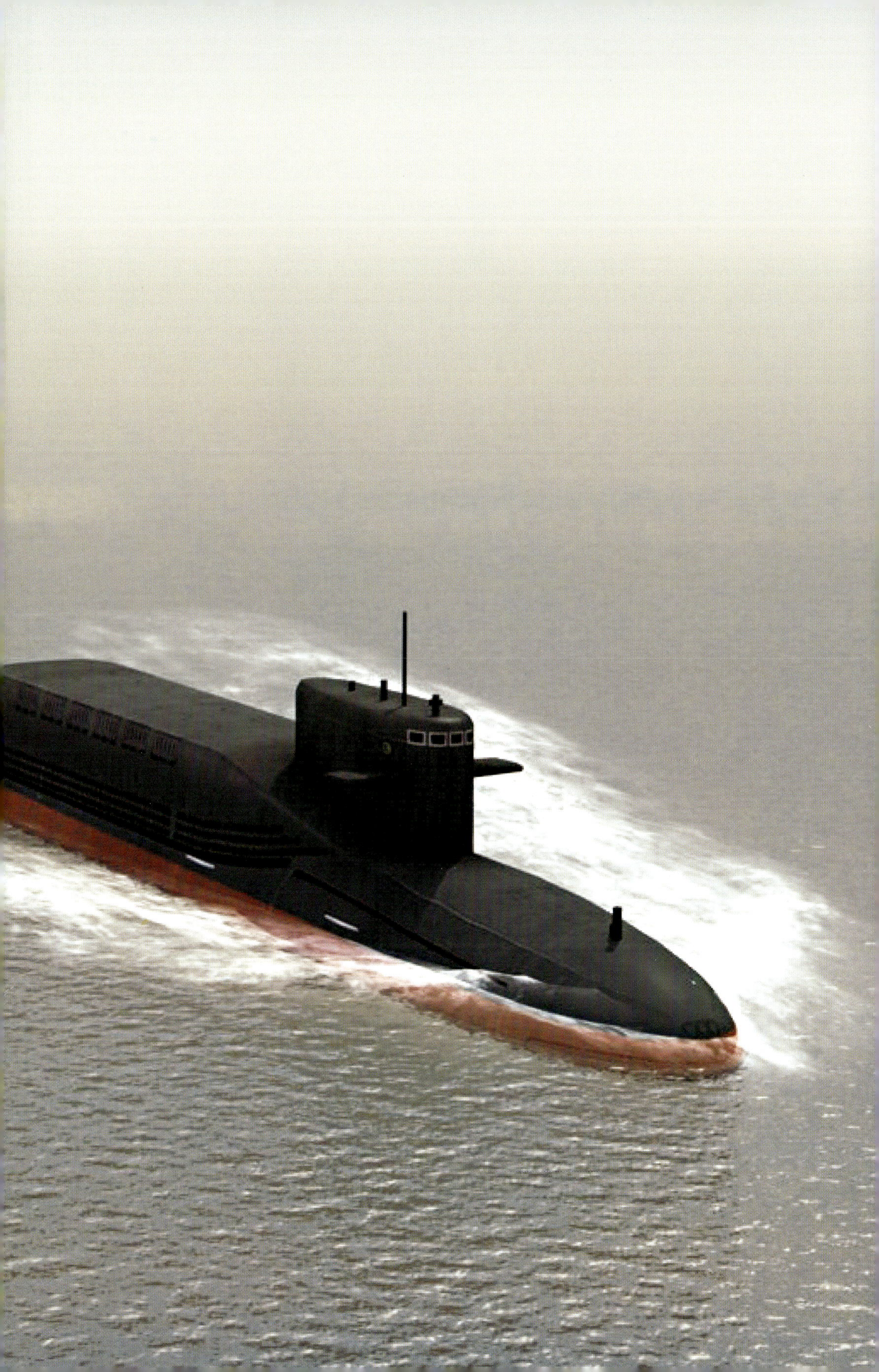